即时满足

让人嗨起来的动机心理学

〔英〕安迪·拉梅奇——著

袁　丽　李逊楠——译

中国水利水电出版社
www.waterpub.com.cn
·北京·

内容提要

本书针对著名的心理现象"延迟满足"，提出了"即时满足"这一新见解，并从理论到实践进行了详细说明和解释。作者以自身经历和具有说服力的心理学案例为依据，从热身运动、做好准备和28天动机大师课三方面介绍了如何实现即时满足，进而让读者养成有助于自身成长的新习惯并持久保持该习惯。

图书在版编目（ＣＩＰ）数据

即时满足：让人嗨起来的动机心理学／（英）安迪·拉梅奇著；袁丽，李逊楠译. -- 北京：中国水利水电出版社，2022.1
书名原文：Let's Do This!
ISBN 978-7-5226-0439-8

Ⅰ. ①即… Ⅱ. ①安… ②袁… ③李… Ⅲ. ①动机－心理学－通俗读物 Ⅳ. ①B842.6-49

中国版本图书馆CIP数据核字(2022)第009067号

北京市版权局著作权合同登记号：图字 01-2021-7577

书　　　名	即时满足：让人嗨起来的动机心理学 JISHI MANZU: RANG REN HAI QILAI DE DONGJI XINLIXUE	
作　　　者	〔英〕安迪·拉梅奇　著　袁丽　李逊楠　译	
出版发行	中国水利水电出版社 （北京市海淀区玉渊潭南路1号D座　100038） 网址：www.waterpub.com.cn E-mail: sales@waterpub.com.cn 电话：（010）68367658（营销中心）	
经　　　售	北京科水图书销售中心（零售） 电话：（010）88383994、63202643、68545874 全国各地新华书店和相关出版物销售网点	
排　　　版	北京水利万物传媒有限公司	
印　　　刷	河北文扬印刷有限公司	
规　　　格	146mm×210mm　32开本　8.25印张　198千字	
版　　　次	2022年1月第1版　2022年1月第1次印刷	
定　　　价	52.00元	

○ 前言

说到动机，大多数已知的东西其实都在误导我们。动机并不是与生俱来的，也不必从他人处获取，它是一种可以习得的技能。本书将介绍如何通过学习获得动机的方法。

你肯定有过这样的经历：下定决心开始减肥，结果没坚持多久就停止了；制订了完美的运动计划，但坚持了几天、几周或几个月又放弃了；想认真执行存钱计划，却在某天突然买了一件游戏玩家"必备"的道具或一条裙子，整个计划就告吹了；发誓要把烟或酒给戒了，但不慎被一股躁动的情绪打破了誓言。另外，你是不是也这样：制订的新年计划根本坚持不到1月份的第一周？

听起来可能有些丧气，这些事会让你感觉自己不是幸运儿，生来就缺少动机基因，甚至还会认为自己根本没法和那些有着不竭动机的勇士相提并论。

同样令你感到困惑的是，曾经的你也是动机满满地追求职场上的晋升，供养自己的家庭，或是通过跑马拉松等运动努力实现自己的健康目标。尽管现在的你仍然雄心勃勃，却经常对着某些自己很想实现的愿望唉声叹气，挣扎着寻找坚持下去的动机。

请不要担心，上述情况在每个人身上都会发生，包括我自己。

我们都曾意志脆弱，止步于一时的满足，却丢弃了最初的目标，或因失败的苗头出现而放弃努力。之所以会这样，并不是因为出了什么问题，而是因为你我都只是普通人而已。

我曾尽力挣扎，想要找到坚持下去的动力，最终无奈放弃，并认定自己只是个失败者。大概35岁起，我开始出现肥胖、情绪低落和缺乏动力等问题。机缘巧合，那时发生了一些事，让我有机会踏上追求不竭动力的道路，人生才得以改变。

也许你会觉得力不从心，但只要你准备好了，就能拥有所需要的一切动机。其实，你只是被各种各样的书籍、课程以及"意见领袖们"误导了，他们都在向你兜售意志力梦想，但如果意志力无法持久，那它不过是个遥不可及的梦。你会发现自己在某个领域实现了目标，却在其他领域动机枯竭。因此，本书不讲意志力，而是向你介绍如何通过学习掌握自己的动机。

本书第一部分重点说明几个问题，它们将会改变你对动机的看法。而在你为掌握动机做好准备的过程中，会发现这些秘密彼此之间是逐级递进的关系。

第二部分聚焦六股积极力量，你可以在选定想要实现的目标之前对自己的六股力量进行评估。六股力量是过上充满动机的生活的基础，了解清楚它们的核心内容后，我会再向你介绍如何利用它们评估得分，以获得动机以及制订实现目标的策略。同时，你还会发现动机并非只针对目标本身，更多的其实是拥有和制订计划，只有完全掌控自己的计划，才能掌控动机。

第三部分则介绍为期28天的动机大师课，这套系列课程已帮助成千上万人克服人生面临的最大挑战并实现自己的目标。动机大师课在总结过去10年尖端科学研究和技术成果的基础上，创建了一套动机体系，适合你和我这样的普通人学习使用。

而最令人振奋的是，你制订的动机计划将终生有效。你只需在实现下一个目标的过程中套用这个动机计划，以此类推，举一反三……

○ 目录

第一部分 热身活动

第二部分　做好准备

第三部分 28 天动机大师课

第一部分

热身活动

1

第一章

我们如何
被一颗棉花糖所误导

20世纪60年代，开创性心理学家沃尔特·米歇尔进行了一项研究[1]，旨在改变动机的外化表现。但是研究结果显示，我们对动机的既有认识几乎都是错的，这令大多数人感到困惑。

米歇尔的实验最初是在加州斯坦福大学著名的宾幼儿园里做的。在那里，科学家爸爸对孩子们来说基本上就是摇滚明星一般的存在，即使大卫·贝克汉姆突然出现，还给孩子们大秀颠球，他们也不一定买账。现在，想象一下你理着当时流行的"锅盖头"发型，穿着年代感十足的喇叭裤，兴奋地来到学校。教室里，老师给大家介绍了一位同学的父亲叫米歇尔，正在进行一项有趣的棉花糖实验。

孩子们被研究人员逐个带进一间"惊喜房间"，因为研究人员无法预测自己能通过观察玻璃看到房间里发生的事。在这样的房间里，超酷的米歇尔爸爸会在孩子面前的桌子上放一颗诱人的棉花糖。在离开房间之前，他说要跟孩子做笔交易："如果我不在的时候你没把这颗棉花糖吃掉，等我回来后再给你一颗。但是，如果我不在的时候你把它吃了，就得不到第二颗棉花糖了。"

对于这些4～6岁的孩子来说，能在米歇尔不在的时候忍住不吃掉那颗棉花糖，简直是一项不可能完成的挑战！如果是我，也许在沃尔特提出条件之前，就已经把棉花糖塞进嘴里了。而且，尽管我知道迫不及待地抓起棉花糖就往嘴里塞是不礼貌的行为，但是……那可是棉花糖啊！

接下来发生的事情简直太残酷了。米歇尔并没有在几分钟内回来，他在外面待了整整15分钟！

房间里的孩子们为了不被眼前的棉花糖所诱惑，有的抓耳挠腮，有的放声歌唱，有的上蹿下跳，有的左顾右盼……最终，大多数孩子都毫不意外地屈服于面前的棉花糖。

初步研究结论表明，成功使用转移策略的孩子能长时间抵抗棉花糖的诱惑，因此作为一项独立的研究，该实验证明了分散注意力对于抵挡诱惑是最行之有效的。于是棉花糖被吃掉了，测试也被遗忘了。直到米歇尔与女儿们的一次偶然的谈话，才让大家对动机的看法发生了改变。

被棉花糖砸到的米歇尔

在米歇尔进行第一次棉花糖实验若干年后[2]，他那参加过实验的女儿长成了一名青少年。某天父女俩聊天时，女儿说到了自己淘气的同学们——其中一些人也参加了那次实验，这让米歇尔忽然有种醍醐灌顶之感。

他们聊到，有一种非常普遍的情况是，同一批孩子在大部分学校里一直都是麻烦制造者，而另一些则行为端正、举止得体，表现良好。米歇尔突然很想知道，这些青少年的表现与当初棉花糖实验的研究结论之间是否有所关联。

在初做棉花糖实验的过程中，实验人员等在窗外只是为了观察孩子们的延迟满足技巧，但正好也记下了他们的延迟时间。米歇尔和女儿跟踪了所有参与初始实验的人，比较了他们的延迟时间和参与实验后的生活经历，发现正是那段未被注意的延迟时间将彻底改变我们对自控力的看法。

参加实验的孩子当中，有些坚持了15分钟不吃棉花糖，有些则不到30秒就屈服了，而前者在青少年时代参加SAT（美国高中毕业生学术能力水平考试）的平均得分比后者要高出210分。

美国的SAT相当于英国的A-level（英国高中课程考试）或中国的高考，因此这个发现的意义非同寻常。同时，他们还发现，那些超级能延迟满足的孩子在同学和老师当中也更受欢迎。

但米歇尔并未止步于此，他继续追踪这些青少年成年以后的情况，发现了更有意思的现象。根据他在著作《棉花糖实验》中所述，这些延迟满足者"在试图让自己注意力集中时，会更不容易受到外界影响；他们更加聪明、自立和自信，并且更倾向于相信自己的判断"，此外，"当他们受到激励时，更有能力实现自己的目标"。

成年以后，相比其他人，延迟满足时间最长的孩子获得高薪的可能性更大，而成瘾的可能性则相对较小。他们被认为更加成功、更善于实现长期目标，而且往往体脂率更低、更有韧性、更善于保持亲密关系。

流行文化圈对这些发现趋之若鹜并吹爆了"延迟满足是通向成功的标志"这一噱头，推出了诸如"不要吃棉花糖"T恤等衍生产品；芝麻街还推出了抵制棉花糖系列饼干怪，引导孩子们学习效仿。这些事引发了大家的普遍思考，如果连芝麻街那个蓝色的绒毛玩偶都能做到，自己当然不能甘拜下风。

科学界也被这些发现所震惊，通过评估一个人在儿童时期的某些表现，预测其成年后可能的结果，简直是史无前例的。尽管科学家们承认其中或许存在遗传因素的影响，但拥有延迟满足的意志力看上去与实现幸福和成功成正比。

另一位出色的科学家、社会心理学家罗伊·博米斯特继续这项意志力研究并得出了"自我约束失败是这个时代主要的社会病征"这一结论[3]。我将在后文做更多介绍。

具备延迟满足的能力不仅于自己有极大裨益，而且从统计学结果分析来看，那些缺乏自控力的人更有可能出现犯罪、抑郁、饮食失调等问题。

总之，如果你足够幸运——4岁就找到了延迟满足的动机，那么在今后的人生中，可能会获得更高学位、吃得更加健康、进行更多锻炼、挣更多的钱以及最重要的——感觉更加幸福。这些鼓舞人心的发现让人们对"掌握控制力就能成功"这一点深信不疑。不过，我会用庖丁解牛的方式，打破被大家奉为圭臬的延迟满足理论。

米歇尔的研究结果对于4岁的孩子来说，确实算是利好消息，因为他们本就习惯性拖延，但是对成年人也是如此吗？

如果你的意志力不够坚定，怎么办？

玛丽下定决心要存款买房子，却依然避免不了在其他事项上挥霍金钱。

　　萨利尝试健身塑形，却无法抵挡诱惑，吃了女儿餐盘里的炸薯条。

　　莱尼发誓要增加睡眠时间，但他酷爱电视剧，凌晨1点时又看了一集《权力的游戏》。

　　马克对自己的工作感到非常失望，却又感到无能为力。

　　我爸下定决心开始节食，但他第100次点"最后一次"外卖。

　　再比如，从未出现在健身房的会员，还有那些厨房里堆满了未拆封的小厨具或车库放满了昂贵赛车的人呢？

　　我们自己呢？

　　我们一直被遗忘了，直到现在。

　　我们是这样走上失败之路的：依靠意志力坚持，但是意志力不够坚定。失败随之而来，我们被自己打败，最后放弃。

第二章

我的故事：
从自怨自艾到意气风发

就在几年前，我身材走样，身体极度不健康，缺乏动力，连起床都需要鼓起勇气，情绪也低沉、消极。我还是一只典型的"都市肉食动物"，基本不吃沙拉，而且酗酒。

工作让我感到压力巨大，筋疲力尽，并间接造成了我的家庭关系紧张。尽管我很幸运——妻子塔拉给我全身心的支持，但我仍然感觉自己的处境岌岌可危。

我经常会因为工作疲惫到连和家人在一起都感觉不到快乐；孩子们也不愿意找我一起玩，因为他们知道我肯定会拒绝；同事们注意到我异常的表现，也渐渐疏远了我。

为了实现最初的梦想——经济自由和幸福生活，我投入了几乎所有的时间和精力，最后换来的却是心脏疾病。

对此，我进行了深刻的反思，试图弄清楚为什么这一切会发生在自己身上，而曾经健康、有趣、无忧无虑、全心全意过好每一天的自己，现在却徒留绝望。

我告诉自己必须做出改变，却苦于无从下手。

我并不是缺乏动机的人，相反还是一个乐于改变现状的人，只是往往后续乏力。

幸运的是，此时我发现了改变生活的秘密所在。

把水变成啤酒的过程会创造奇迹

我再次做出戒酒这个理智的决定。

3周后的某天，我走进了狮子堡酒吧，在人群中等候点单，但我告诫自己点一杯水。

此时，有人在弥漫着啤酒香的空气中问我："请问您想喝点什么呢？"

只是一瞬的犹豫，我非常自信地回答："我要一杯啤酒。"

我刚刚说了什么？！怎么回事？我的水呢？

我对自己鬼使神差般将水变成啤酒感到既困惑又惊讶，痛恨自己动机的丧失，戒酒一事也只得再次宣告失败。

但我并未完全放弃，而且想知道为何会出现这种情况。于是，我开始为动机那悬而未决之谜寻求一个答案——像我这样无法延迟满足的人，如何才能找到实现自己目标和梦想的动机呢？

受传统观念的指引，我认为只要自己取得足够高的身份和地位，就能获得永恒的幸福。因此，我为了事业而殚精竭虑，以致忽略了家庭的美满，让堆满各种心头好的房子空落积灰。但当我又一次被传统观念打脸时，失望之情简直不言而喻。这一切都促使着我思考：这样真的对吗？

看着周围那些比我更加"成功"的人，我感到了深深的恐惧。他们与我一样，为了追求虚空的梦想，被远距离的通勤、加班和没有家庭时光折腾得筋疲力尽。这一切的意义到底何在？

我不想让自己再这样下去，不想为了传统意义上的成功而让身体、精神甚至家庭都毁于一旦。我相信，大家也和我一样，希望在人生中获得更多。

于是，我开始思考新的问题：如果我的问题并不是缺乏动机呢？如果我拥有自己所需的动机，却不知道如何使用呢？如果其他人也存在同样的问题呢？

带着这些问题，我振奋精神，开始着手破解动机的密码。如果成功，我将无须再用无穷无尽的计划来督促自己，只要设定了目标就能自然而然地实现，而我也将恪守自己许下的诺言，过上真正幸福的生活。

接下来，我满怀信心地踏上了冒险之旅。当然，这并不是去迪士尼乐园探险，也不是爬乞力马扎罗山，而是尽我所能去了解任何可能与动机有关的东西，以及如何将改变后的行为模式保持下去。

为了完成这项任务，我几乎走遍了世界，从迪拜到洛杉矶，再到马尔代夫，最终我站在名不见经传的伦敦地铁克罗伊登站前。

在这个过程中，我参加了全球知名教练、动机大师们的培训课。比如，神经语言学项目的联合发起人约翰·格兰德，世界自由潜水冠军萨拉·坎贝尔，全球50岁以上健美先生之一的里奇·罗尔，以及成瘾学专家嘉博·梅特博士，等等。

我甚至两度回到大学重造，先完成了一个开放大学的学位，随后又完成了积极心理学和教练心理学的双硕士学位。在过去的10年中，我遍览上万份临床研究报告和教科书，寻找拥有无限动机的密码。

经过这么多年的努力调查，我最终发现，动机是一种任何人都能通过学习获得的技能。

想象一下，读完这本书以后，你将拥有一个属于自己的动机计划，它能让你不断实现自己的目标，无论你是想变得健康，还是开始经营一门新的生意，学习一种新的语言，或者有更多时间出门旅游，或者戒烟、戒酒，等等。跟着我，开启动机之旅吧。

找到动机，改变生活

寻找动机的旅途结束后，我带着学来的全新的知识和旅途中晒黑的皮肤，满面笑容地开启了股票经纪人的生涯。但这次我不会重蹈覆辙，而是开始冥想、锻炼、吃沙拉，做那些与过往不同的事情。

我想，戒酒算是人类社会面临的终极挑战，在过往与酒精的斗争中，我屡战屡败，但这次我将用动机与之抗衡，且相信自己肯定会赢。

我是一名中度酒精成瘾者，喝得并不算太多，只能算平均水平，少数时候会多喝一些。但是长久以来，令我罪恶感爆棚的是，我经常会在周五晚上大喝一顿，然后周末宿醉。

年轻时，我在周末宿醉两天似乎没什么损失，但是有了孩子以后，因为宿醉而白白浪费本该与孩子们共享天伦之乐的周末，每每都会令我如坐针毡。连续工作五天累得不行，加上醉酒到恶心想吐的爸爸，并不受孩子欢迎，而这对我来说简直是一笔赔本的交易。此外，我制订的其他计划也一直找不到时间、能量或动机去实施。

酒精导致的反复无常无疑是最闹心的。比如，健身、塑形重获健康的计划被下班后的几杯啤酒轻松击败；打算选择健康饮食却无法停止高糖、高淀粉的摄入；想去健身房锻炼，最后往往变成在家看电视剧。

工作表现也是如此，有那么几天，我就如同不知疲惫的超级英雄般干劲十足，但随后几天又会因为筋疲力尽而一事无成。

夫妻关系同样受到影响。妻子塔拉对此做出了经典的总结："你吧，有几天表现良好，充满能量；但更多时候就像一棵枯树，蔫头耷脑，疲惫不堪。"

疲劳、压力和宿醉三重叠加的效果，将我的幸福感消磨殆尽，以致我变得无趣、脾气暴躁，再也不复当初。

我记得自己16岁准备正式成为一名职业足球运动员时，父亲给过我一条建议，让我终身受益。他说："绝对不要变成一个醉鬼，成天只会在酒吧里嘟囔着'如果不是因为……我肯定已经成功了'。"

35岁左右，我突然意识到，自己离成为那个醉鬼已经不远了。酒精对我生活中最重要的东西——我的家庭，产生了非常消极的影响。因此，我明白改变现状迫在眉睫。

在众多动机性失败的案例中，酒精绝对是让我折戟沉沙的次数最多的。如果这套动机课程要对每个人都起作用，那么首先必须对我有用，因此我决定勇敢地做出改变，成功戒酒。

在我的朋友、妻子和同事们看来，我接受这项挑战略显疯狂。但我决定，绝不能等到自己变成一个头发斑白、醉醺醺地坐在公园的长凳上喝酒的醉鬼时，才下决心戒酒。

我必须承认，只是想到长期不喝酒就足以让我坐立难安，而且酒在我当下的生活中其实有很多作用，它不仅是一种庆祝方式，用来纾解自己的情绪，而且我作为一名期货经纪人，招待（喝酒的同义词）是工作中很重要的一部分，因此喝酒在我的社交生活中是不可或缺的。当然，我也很擅长喝酒，可以午饭时间喝完一瓶红酒的工夫就关闭几笔交易，然后赶在日落前再去喝一杯。但是，我发现自己根本不享受这样的生活方式，反而感到了生存的压力。

我经常会想象自己终于找到了戒酒的动机，并从此过上自己想要的生活。

事实上，我确实做到了。

在动机大师课的加持下，我开始第237次戒酒并坚持不懈，成功规避了各种社会因素的影响，连续28天未摄入酒精，成为一个精力充沛的零酒精人士。

这项成就完全值得放烟花来进行庆祝。

你可能会觉得一个月不摄入酒精根本不可能产生这样的效果，但事实证明的确如此。零酒精摄入的第28天是个周六，我从婴儿般的睡眠中醒来，感觉身体焕然一新，耳聪目明。我能感受到妻子对我浓浓的爱意，我当然也很爱她，就连孩子们都比以往更活泼健康，那种老婆孩子热炕头的感觉很好。

在那个幸福的时刻，我觉得成功戒酒让我的动机技巧上了一个新的台阶。从保持清醒头脑的第28天开始，我最终做到了一年不喝啤酒。当我举起成功戒酒的小旗子时，我知道自己已经破解了保持长期动机的密码。

请继续跟随我，了解更多激动人心的故事。

动机雪球

　　成功戒酒让我对动机大师课有了充分的信心，并开始尝试下一项挑战——减肥。我当下的体重是97千克，体脂率超过了35%。医生说我这个年龄的健康男性体脂率一般在8%～19%之间，我的体形看上去就像临产的孕妇。朋友科尔姆评价我："你看上去和瑞奇·哈顿（前世界拳击冠军）发福后的体型差不多。"

　　博物学家大卫·阿滕伯勒可能会这么形容："接下来我们将看到一名全身都是姜黄色的中年人，他只吃肉不吃菜。"

　　我什么都吃，但从不碰绿色的食物，因此摄入的食物几乎只剩下米黄色。

　　经过大量研究，我选择了最适合自己的食物，并成了时下流行的素食主义者。几个月很快过去，我的体重也开始下降。

　　你可能会问我是怎么做到的。其实很简单，我利用自己的动机计划成功改变了饮食习惯，也就是调整了生活方式，而非只改变饮食类型的权宜之计。最重要的是，我感觉很好，吃不同颜色的蔬菜让我充满了能量，连午后的困倦好像也一并消失了。

　　此外，多年来我还一直在和玫瑰痤疮做斗争。我的鼻子和脸颊上经常会长出一些红色的斑块和斑点，由于人们通常会把酒糟鼻和酒鬼的红鼻头联系在一起，所以看上去很像我又重新开始喝酒一样。我原本也希望戒酒后这个病能不药而愈，但令我感到沮丧的是，医生说玫瑰痤疮是一种复发性疾病，病因可能是阳光、辛辣食物、糖类等的刺激。换言之，我根本无从知道到底是什么引发了它的反复发作，因此只能谨遵医嘱，下半辈子怕是药不能停了。

　　玫瑰痤疮反复发作，让喝酒越来越少的我看上去像是喝得越来越多。但是随着饮食习惯的改变，奇迹发生了，这种反复发作、需要终身服药还让我看起来像个酒鬼一般的慢性疾病，竟然不药而愈了，连皮肤上的斑块和斑点也消失了！

　　对于到底是哪种食物导致了玫瑰痤疮的复发，我至今仍不得而知，但我毫不怀疑，是自己找到动机并调整为全素的饮食习惯，从而治好了这种反复发作的慢性疾病。

　　让我感到非常无力的是，很多人对于改变行为模式并长期保持下去的能力失去了信心。他们倾向于认为，不可能有人能找到动机并为抵抗疾病做出重大改变，于是他们只会怨天尤人。

　　然而，科学不断证明，饮食可以治愈很多因生活方式不良而导致的疾病，只要调整饮食结构，健康状况就会得到改善[4]。这是我的动机疗法第一次见效，但不是最后一次，后面我会介绍更多例子。

　　幸运的是，一大批像艾伦·戴斯蒙德这样的新式医生出现了，他们揭示了调整饮食和改善健康之间的关系。

　　由于改变饮食结构，摄入了健康的食物，我的皮肤开始变得有光泽，我还跃跃欲试地留了小胡子作为庆祝。打心底里说，过去数次减肥行动的失败使得这次的成功弥足珍贵。

　　动机大师课改变了我与酒精及饮食的关系。时间是用来检验动机过程最好的试验品，6年过去了，我仍然保持着不喝酒和素食的好习惯。

动机的上升螺旋

　　曾有一位老师跟我说，学习一种新的语言就像在耳朵里装一个额外的过滤器，第三种语言会比第二种学得更快，因为通过的信息会更多。动机技能的作用原理一样，随着你应用动机计划的次数越来越多，克服下一个挑战就会变得越来越容易。以我为例，学会了戒酒的动机技能后，改变饮食结构就容易做到了。在酒精和饮食都得到控制后，开始常规锻炼就更加容易，以此类推。

　　我动机清单上的下一个项目是健身塑形。尽管20年前的我是一名职业足球运动员，但千万不要以为运动对我来说就轻而易举，因为在过去的20年里，我的常规健身项目是在蒸汽房里蒸完后坐进按摩浴缸。换句话说，健身其实就是"躺平"了。

　　前文介绍了，我的身体负重太大，就像每天都抱着一捆柴火在跳舞一样，所以运动对我来说难度着实很大。但是有了戒酒和素食的成功先例，我找到了额外的动机，重新燃起了对运动的热爱。隐藏在我35%的体脂下的，是一颗想要达到运动员10%体脂标准的心，我要做的是运用动机大师课释放自己想要身材有型的欲望。

人无常心而动机常在

　　掌握动机技巧之前的大部分时间里，我都感觉非常疲惫。生活中的一切总是乱七八糟的，让我生出一种"我猜这就是所谓的中年危机"的感觉。但短短几个月后，我感觉自己比20多岁时更加精力充沛，就像是光阴倒退了10年。

保持均衡饮食、规律运动和杜绝酒精为我构建起了健康的上升螺旋，前后的照片对比简直判若两人。家人也注意到了我外观上的变化，因为我不仅减了体重，连眼睛看上去好像都更加明亮了。于是，我的自信心回归了，感觉自己又充满了能量。

自从开始健身并保持锻炼，短短3个月里，我的体脂率就下降到10%，减了整整19千克，差不多是一整袋土豆或34个篮球的重量。在整个过程中，我不仅不感到吃力，还非常享受，而所有这些健康动机带来的变化也震惊了给我治疗心脏病的医生。

我们为何对自己
做出巨大改变的能力丧失信心？

"简直太令人震惊了"，在见面后的2分钟里，我的医生把这句话重复了六七遍。

就在几年前，我俩的对话完全是不同的风格。35岁那年，我出现了心脏病的早期症状。在我的父亲做了三重搭桥手术后，我和两个兄弟都去做了全身检查，只有我的数值出现问题。一项检查动脉分叉的测试显示，我的动脉里充满了斑块，甚至可能威胁到生命。

在大部分时间里，我都是周围人当中最健康的，10岁签约职业足球俱乐部，16岁梦想成真开始踢职业比赛，接下来的8年不断实现自己作为职业球员的梦想，直到因受伤而结束职业生涯。

没有了比赛和训练的约束，我开始放纵自己，经常参加派对，和妻子环球旅行，最后来到伦敦谋生。而我那健康的小麦色反肤开始泛白，日常运动量也逐渐减少。

后来，生活被每天12小时的伏案工作、午餐饮酒和熬夜所占满，虽然我获得了事业上的成功，但也为此付出了巨大的代价，健康便是其中之一。

喝多了晚归的时候，我会跟妻子说："有什么办法呢，那也是我工作的一部分。"

孩子们渐渐习惯我早上出门时他们还在睡觉，回家时他们已经入眠的节奏。我一直怀疑，是不是只有我才这样。

答案是否定的。看看周围就会发现，其实大家都一样。

第一次去古普塔医生诊所的路上，我经过一家烤肉串店，又折返了，心想，也不知道和医生见完面会是什么结果，万一这是我最后一次吃烤肉串呢？于是我下定了决心："老板，来一个大肉串，多加辣椒酱。"

古普塔医生开门见山地告诉我："安迪，你得了心脏病。"

我能说其实我料到了吗？

赢得了事业却输掉了健康。这是多么可悲的事啊！

不要坐等改变

一年后，我回到古普塔医生诊所做常规检查，觉得非常尴尬，因为与上次见面相比，我根本没有任何改变。于是我只能安慰自己，吃下去的降胆固醇药肯定会起作用，以此弥补自己的不作为。

我感觉这是普通人常规的心态，当一个人认为自己的心脏病是遗传性的，他只能靠吃药继续生活，不健康的生活方式自然也会一如既往地保持。

其实，我还是有些变化的。那时我即将开始探索动机的真相，但正在与自己的一些想法做斗争，我决定只要能找到动机就会先戒酒。

第二次见古普塔医生时，我仍然只是保持着这个想法而没有采取行动。当我走进医生的房间，立刻就产生了一种什么改变都没有的悲哀感，就好像看着自己的生命已经岌岌可危却无动于衷。我迫切地想告诉医生自己能够掌控动机，于是我说："古普塔医生，请相信我，我马上就会把酒戒了。明年见。"

他笑了，好像以前就听过这话似的，用眼神表示"你这样的人根本不可能改变"的意思。我不怪他，因为随处都是人们决定了却从未完成的计划、未实现的目标以及永远都是明天才开始的节食。尽管我知道他不会相信我，但是大声说出来的感觉很好，让我感到自己充满了能量。

距离古普塔医生一脸"我就知道"的笑容一年后，我兴奋地几乎是跳跃着进入了他的办公室。12个月的动机之旅结束，我感觉非常好，整个人充满了活力，简直是脱胎换骨。

我也想对比自我感觉与检查结果是否一致。拿到检查结果的古普塔医生对我说："简直太令人震惊了！你的静息心率从68降到了44，胆固醇和血压也降低了，还减了19千克的体重。你现在看上去非常棒，但真正惊人的是，你的心脏病征兆好像减缓了。其实我们对你的检查结果很感兴趣，还仔细核查了一遍，没想到，你竟然颠覆了大家对心脏病的认知。"

我和医生紧紧拥抱，放开的瞬间我们相视一笑，他的眼睛里充满了羡慕。我成功做到了当代社会中大多数人认为不可能的事，大幅度改善了自己的生活方式，连淤塞的血管都得到了治愈。

释放动机雪球，巨大的正向改变也发生了。

第三章

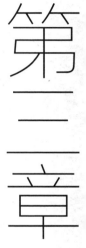

当意志力不管用了时

一个周六的上午，我决定和女儿们——12岁的莫莉和9岁的露比一起重做棉花糖实验。与沃尔特的初始实验相比，尽管我这次实验的临床作用略小且喜剧效果更强，但也算是对儿童心灵的一次窥探。我把女儿们带到厨房，介绍了棉花糖实验的过程，并交代她们："如果在我回来之前，你们没把手里这颗棉花糖吃了，我会给你们两颗。"

我躲在门外偷听了一会儿，听到姑娘们笑得都岔气了。

我猛地把门打开，却看到她们已经把棉花糖吃了。当下我的心一沉，想着她们完了，以后的生活中注定会成绩差、肥胖、幸福感缺失，甚至还有可能会犯罪。我大喊道："你们完了！"那一瞬间，我急得都想哭。

接着却发生了让我意料之外的事。

我问她们为什么这么快就坚持不住了。露比机灵地回答："因为我本来就只想要一颗棉花糖啊，那为什么要等着呢？"

我一下子又感到如释重负，觉得好像还有希望。

露比聪明的反驳揭示了棉花糖实验类的研究存在的问题。即使实验的结论适用于每个人，也无法正确反映每个个案的真实情况。也许很多善于拖延的人最后都很幸福、很成功，但如果将参与者取平均值就会发现，结论其实存在误导性。在现实世界中，像露比这样拥有敏捷思维，可以当场说出令人信服的理由的人，或许比拥有钢铁般的意志力或延迟满足的能力更难能可贵。

因此，尽管沃尔特·米歇尔的研究具有开创性，但在很多方面也存在误导性。

如果你和我、露比以及地球上大部分人一样，没办法延迟满足，那么请不要再尝试依靠意志力去实现动机梦想，因为那终将是徒劳的。

我要告诉你的秘密是，动机是一种任何人都可以通过学习获得的技巧。

不要这么做

多年来，当我设立人生目标时，都会按米歇尔的棉花糖实验设定的去做，也就是将不去完成那项任务作为一颗棉花糖，然后用自己的意志力去抵抗诱惑。比如，我的第一个目标是学习，那么不学习就是那颗棉花糖，我必须用意志力逼迫自己去抵抗它。当我重新开始锻炼后，教练让我游泳，但我实在无法忍受，于是我又不得不用意志力抵抗不游泳这颗棉花糖。

我缺乏长时间延迟满足的意志力，因此我把不游泳这颗棉花糖"吃了"，放弃了游泳这项任务，最终也没有完成自己设定的锻炼目标。我一开始认为，其他人都是动力机器，与他们相比，我根本只是个不足为道的失败者。直到我环视四周后才发现，几乎每个认识的人都和我一样意志力薄弱。

是我们疯了吗?

如果爱因斯坦的名言"'疯狂'就是一遍遍重复做同一件事,却期待不同的结果"是正确的,那意味着我们都疯了,而意志力显然要为此负责。试想,你有多少次想戒掉咖啡,又有多少次试着在孩子面前放下手机或准时离开办公室,但坚持没几周、几天甚至几分钟就放弃了?

我的人生就是如此。我有很多次抱怨"再也不会了",并发誓自己一定会改,但还是在几天内就故态复萌。

你的意志力梦想进行得如何?就算不是很好也不要着急,记住,实际上我们的意志力也就比蚊子强了一点。

英国布里斯托大学的一项研究显示,62%的英国人都有超重或肥胖问题[5],而80%以上的人都达不到每月的科学运动量[6],所以通过减肥来拯救自己的生命好像也不容易。

伦敦商业金融学院近期的一项研究表明,每两个人中就有一个因为在职场上不开心而想要换份工作[7]。

我不想接着做悲观统计,重点是,如果单靠意志力去实现目标只能遭遇滑铁卢。

第一次看到棉花糖实验时,我把结果当成了事实。我坚信,如果儿时的我接受实验,肯定会在几秒钟内就屈服,因为我知道自己是个意志力弱的人。例如,我原打算像个真正的英国人一样,在喝茶的时候配上一片消化饼干,结果往往会把整袋饼干都吃完。但是,我发现了作为一名称职的职业足球运动员、顺利完成一笔交易和建立一个充满爱的家庭的动机。对此，我感到困惑。

接下来，我会用科学来做出解释。

抵抗巧克力会扰乱大脑

佛罗里达州州立大学的天才研究员罗伊·博米斯特推出了另一种甜蜜的酷刑来进行意志力和动机研究[8]。他让试验参与者们坐在温暖的曲奇、巧克力棒和一大碗毫无吸引力的生萝卜汁前和棉花糖实验一样，参与者们必须再次等待，而研究人员会在双面玻璃后对他们痛苦的等待过程做好记录。

他们让其中一组参与者吃曲奇，而告诉另一组只能喝生萝卜汁。萝卜组想尽办法抵抗曲奇，其中不乏忍不住凑近曲奇去闻闻香味而浅尝辄止或左顾右盼试图忽略的人。

和米歇尔的棉花糖实验不同的是，实际上生萝卜汁和曲奇都只是前菜。

研究不断表明，那些在不可能完成的任务上持续时间最长的人，也会在自己有能力完成的任务上保持更长的时间上做出更大的努力。当参与者等待足够长的时间后，他们被召集到另一个房间去解一个谜题，而这个谜题其实是一场骗局，因为它无解，而只是一个测试韧性的标准方法。博米斯特和他的团队想要知道，参与者会花多久去解这个谜题，而实验结果暴露了意志力的重大缺陷。

那些面前没有摆放任何食物，因此只需要安心解题的控制力组平均持续时长是20分钟，曲奇组的持续时间也是20分钟，而看着曲奇却只能喝生萝卜汁的组仅仅持续了令人沮丧的8分钟，连另外两组一半的时间都不到。曲奇组和萝卜组的表现令人震惊。博米斯特由此得出结论，意志力"就像人的肌肉，随着你使用的增多，它会产生疲劳感"。

换句话说，用得越多，意志力就会越快被耗尽。控制自己不吃曲奇已经基本耗尽了那组人的意志力储备，因此他们能够用于解难题的就少了。

这也说明了为何随着一天时间的流逝，要靠意志力完成任务会变得越来越难。就像早上你会觉得下班后去健身房锻炼是个好主意，但到下午6点时你已经累了，只想好好休息度过这个夜晚。

此外，我们也靠意志力来调节情绪，于是萎靡不振时情绪就很容易失控。所以精疲力竭的父母会在孩子不吃晚饭时破口大骂，而压力过大的伴侣会因为下班回到家只是发现垃圾没扔就失控（此处要向我亲爱的老婆大人道歉）。

博米斯特揭露了意志力的软肋，即想要只靠意志力来做出持久改变，最终将以失败告终，因为意志力是会耗尽的。

但必须承认的是，有一些幸运的人被赋予了不竭的意志力，就好像那些拖延严重的孩子。只是你我这样的普通人并没有那么幸运。

于是我又发现了一个问题，如果意志力不起作用，那么肯定有另一种方法吧？在为这个问题寻找答案的过程中，我发现了另一个关于动机的真相：抵抗棉花糖无法让你获得持续的动机，恰恰相反，正是从你吃第一口棉花糖开始的！

下面我们来总结一下意志力和动机的区别。

意志力

催生自控力

将带走我们"停止这个，不要做那个"的想法

会耗尽你的能量

摧毁你的信心

动机

可以给你真正的理由去……

产生改变

关注你可以得到什么

会聚集你的能量

催生自信心

第四章

把棉花糖吃了吧

想象一下，你有两个大脑，第一个是原始的、情绪化的大脑。原始大脑的任务是完成进化的目标，将痛苦转化为快乐，节省能量，并将基因传给下一代。

第二个则是人类的、理性的大脑[9]，它出现在大约7万年前的认知革命时代。从那时起，人类的大脑出现了前额叶皮质区，相比其他动物，这是本质的改变。这个新的"人类"大脑让我们拥有远见卓识的天赋和居安思危的能力，造就了正在阅读这本书的"你"。理性大脑让人类以平衡的态度看待生活，全力支持你的动机目标。

原始大脑的待办清单中都是与进化、生存相关的事项，它全凭感性和直觉完成延续生命的任务。它经常会感到害怕、反应过度、会做最坏的打算并基于是非黑白做出选择，因此通常并不理智。听着是不是很耳熟？

而人类大脑的待办清单中更多的是关于实现自我的事项，可能包括你想实现的目标或寻找生命的意义。人类大脑喜欢理性地做出决定，做任何反应之前都会找到依据。它以宏观视角看问题，能设身处地做出逻辑性强的选择。希望你听着这些也是耳熟的。

有意思的是，两个大脑都很擅长自己的那部分工作，原始大脑擅长赢得生存斗争，而人类大脑则善于理性思考。但它们经常会与彼此发生冲突。比如，原始大脑会在看到停车罚单时发脾气，而人类大脑却会为此感到羞愧。那么，这是否意味着你可以向自己的老板大吼一通，然后转头将其怪罪于自己那原始大脑呢？当然不行，因为管理好原始大脑本来就是你的责任，只有管理得当，你的世界才会充满光明。

幸福生活的秘诀就是学习管理自己原始大脑的技能，让你的人类大脑得以展示自我，实现生活的意义和目的。

或许大部分人都会错误地认为，只要用自己可爱的理性大脑做出每一个决定，就能获得动机，实现目标。

但事实正好相反。你的原始大脑才是负责决定动机的，因为它的任务是让你生存下去。而进化论决定了对人类来说生存比意义和目的更重要，因此，原始大脑天然比人类大脑更强大。一般来说，原始大脑根本不在乎你那些"伟大"的人类想法，当你的原始大脑决定要吃棉花糖，人类大脑根本无法阻止。这也是为什么你本来决定为了减肥吃沙拉，最后变成吃汉堡；为了戒酒要喝水却最终喝了酒；而健身锻炼课程会输给了电视剧。

但这其中有一个关键点是，你可以用自己超级聪明的人类大脑去改变脑海中的"棉花糖"，理智的人类大脑可以决定原始大脑看到的是哪些棉花糖，由此你便可以重新掌控动机。因为当你的大脑看见的都是正确的、健康的、积极的棉花糖时，就无须再用意志力去抵抗它们，直接把它们吃了就行。这就让整个动机游戏都发生了改变。

原始大脑只关心当下

在米歇尔的实验中，孩子们必须抵抗的棉花糖对原始大脑来说却是一个极大的诱惑，因为原始大脑需要的是即时满足，想立刻就把棉花糖吃了，它根本不在乎6周后的你能否穿得上均码的泳装。只有当下获得必需品才能生存。

用意志力抵抗是阻止原始大脑吃掉棉花糖的唯一办法，但是我们知道，意志力只是一个权宜之计。超级延迟者和大部分普通人的不同点在于，他们拥有更加强大的意志力，能让自己的原始大脑等待更长时间。而每个人的意志力最终都会耗尽，因此，只依靠意志力去实现动机目标的结果肯定是屡战屡败。

我们可以跳出思维框架的束缚。关键点在于，除非我们能自我掌控，否则需要动机去实现的目标就会制造出你必须抵抗的"假想棉花糖"。

举个例子。假设你想通过跑步达到健身塑形的目标，但是你已经很多年没有跑步了，重新开始就不会那么容易。为了找到动机让自己迈出第一步，你用了传统的办法，给自己设定了许多"应该"跑步的理由。如：我想恢复健康的体形；医生建议我增加锻炼；我要在假期来临前达到最佳状态。

你踌躇满志，打算第二天就开始实施。第二天早上，你和自己的大脑就今天开始跑步的好处进行了一次快速交流，最终你会决定今天还是算了，明天再说。

算一下，类似的情况已经发生过多少次？

我相信，与这一幕似曾相识的情况在你的动机挑战中肯定在不断重演，而这一切都是因为你的原始大脑看到了错误的棉花糖。

记住，原始大脑只关心当下。

如果你没有制订跑步的动机计划，原始大脑看见的只能是那颗名为"我不能跑步"的棉花糖。它会从进化论的观点说服你，明明可以安静、舒服地坐着看电视，为什么要浪费能量去跑步？

因为你实现塑形目标的第一步是出去跑步，因此不得不用意志力去阻止你的原始大脑吃了"我不能跑步"这颗棉花糖。但是像我这样意志力薄弱的人，理性的人类大脑会被原始大脑征服，吃下那颗棉花糖，在"出去跑步"这第一步就止步不前。

这种情况此前发生过多次，一度几乎把我逼疯。因为我每一次设定目标都会很顺利地开始行动，但几天后意志力耗尽，我就会停下自己想要做的事。

后来我想明白了，如果我能用自己的人类大脑去制造健康的"假想棉花糖"，就可以实现既让原始大脑得到吃下棉花糖的满足感，又无须用意志力去抵抗不健康的错误棉花糖，从而使人类大脑和原始大脑的诉求达成一致。

当然，改变原始大脑看到的棉花糖并不只是声东击西那么简单，着实需要耗费一些脑力劳动和时间。但它的投入产出比是很高的，而且改变棉花糖也不是一锤子买卖，不是写写画画、做做头脑风暴，而是实实在在地改变自己多年来形成的心理习惯。

什么是"我不能"棉花糖？

当我们那未经训练的原始大脑认为一项任务会占用过多的救命能量时，"我不能"棉花糖就会出现。原始大脑看不到游泳或学习的好处，因为它们都要消耗很多能量，于是"我不能"棉花糖应运而生。你将不得不用意志力去抵抗它，但是你很清楚意志力终将被耗尽。接下来我为你揭晓一个关于动机的伟大的秘密，介绍如何制造一颗全新的健康的假想棉花糖，你无须抵抗它。也就是说，你不必再依靠意志力去实现梦想。

在我们继续往下说之前……

先回顾一下棉花糖小游戏。假设这次的目标还是跑步，但是请你完全关注当下，注意自己跑步过程中良好的感觉，忘记那些理智的、长期的"我应该跑步"的理由，只聚焦运动时的感受。我相信你的感受会是：立刻产生一种振奋感（棉花糖），出乎意料地感到自己充满了能量（棉花糖），喜欢与一起跑步的伙伴进行交谈（棉花糖），感觉自己的身体变轻盈了（棉花糖），发现油然而生的成就感和对生命的控制力（棉花糖）。

这样，你就把跑步从"我应该跑步"变成了可以产生即时利益的事，它们就是"健康棉花糖"。这些健康棉花糖会让你的原始大脑得到充分满足，不再需要你用意志力去抵抗"我不能跑步"棉花糖。希望你可以感受到这种力量。

　　动机还有另一个秘密，那就是开始一件事和坚持下去所需的动机是完全不同的，传统的"为什么"和"应该"能让你开始做一件事，但只有积极的棉花糖才能让你坚持做下去。这不只是简单地树立一个积极的想法，而是锻炼你的原始大脑去长期支持你的目标。当你将原始大脑和人类大脑统一起来，奇迹就此发生。

　　改变棉花糖，就能改变当下的困境。

第二部分
做好准备

2

第五章

确定自己的目标

现在，请确定一个你在接下来的28天要专注的目标。

根据我参加"一年无啤酒"[1]项目的经验，以及亲眼见证数千人戒断酒精的过程，我很清楚28天是可以发生奇迹的。在这段时间里，你的思维会发生转变，它将你的目标变成下意识的习惯或核心价值观，也就是变成自我的一部分。

在本书的动机大师课进展到第28天时你就会发现，目标要么已经成为自己下意识的习惯或核心价值观，要么已经实现。整个过程就像一个活塞运动，你会持续地把目标推进到自己的下意识区域。

你有没有思考过，其他人是怎么找到坚持跑步的动机的？其实就是用的这个方法，让跑步变成自己的一部分，一种核心价值观，这样跑步就不再是需要督促自己去做的事，而是变成了一个只要有时间就会去坚持的习惯。

将一个目标推进到下意识区域就能为下一个目标腾出思想空间，直到它也成为你的一部分，然后继续开始第三个，以此类推。也许你是带着一个特定的目标开始读这本书，又或许你的生活一团糟，想要改变却无从下手。无论如何，释放动机都将让你对生活和现状的不满烟消云散。

"SMART 原则"实在无聊

设定目标的过程理应让你感到兴奋，但是它被1981年出现的管理学理论"SMART原则"[2]所取代，该理论提出目标应该是明确的（Specific）、可衡量的（Measurable）、可实现的（Attainable）、与其他目标是相关的（Relevant）和有时限的（Time-bound）。各地的经理人为之鹊起，纷纷为企业界终于有了衡量员工工作成效的指标感到欢欣鼓舞。但我认为，SMART原则为企业界增添了一些价值的同时，也降低了员工的自主性，也就是我们所说的动机。

我非常理解管理者鼓励员工设立"可衡量的"和"可实现的"目标，因为那样确实可以提高成功的概率，但这在一定程度上制约了个人和企业的发展。我认为，设定目标的过程应该既理想高远又不受现实制约，当然，不是说要么不鸣则已，要么一鸣惊人，而是让思维进入一个增长区。它应该在人的舒适区之外，但又在不可能区之前，是最好的目标之所在。（见图2-1）在这个区域里，目标可以实现深层次的意义，甚至改变世界。如果每个人的目标都被禁锢在自认为"可衡量的"和"可实现的"区域里，我们的社会可能还停滞在石器时代。另外，"可衡量的"和"可实现的"其实是一个意思，同时用这两个词恐怕也只是为了组成SMART这个缩写而已。

但我并不是建议你设立目标时好高骛远，只是建议你给自己一个机会，在心中探索所有的可能性。当你树立了这种意识以后，就可以确定一个当下最适合自己的目标。

在此，我们还是以自由有趣的方式来设定自己的目标吧，不要为梦想设限，不用顾忌别人告诉你该做什么或怎么做。让自己跨越当下和未来之间的鸿沟吧！还有比这更令人振奋的事吗？

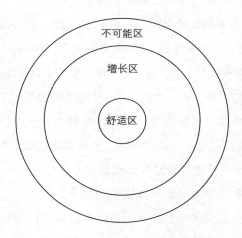

图 2-1　舒适区、增长区和不可能区示意图

你有一个梦想

无论你来参加动机大师课时已经设定了明确的目标，还是仍然需要灵感和启发，接下来的步骤都会帮助你找到那个特定的目标。

如果你已经下定决心或有了想要实现的明确目标，请先记下来。我信奉"好记性不如烂笔头"，写下来这个过程本身就能带来一种强大而发自内心的力量。

我想_____

我想_____

我想_____

我想_____

　　如果还没确定，以下的问题可能会给你提示。但是请记住，你可以持续不断地设定新的目标。在阅读本书的过程中，你在任何时候都有可能形成一个新的目标，这时候请一定要停下来并把它写下来，把它作为你下一个目标的选项之一。

　　如果不用考虑钱的问题，你想怎么打发自己的时间？

　　如果拥有100万英镑，但只能用于为这个世界做点好事，你想做什么？

　　怎么样利用自己的技能为他人的生活提供服务？

　　你能做点什么让自己立于不败之地？

快速制胜

　　在你找到想要专注实现的28天黄金目标或精细化处理你的决定之前，我们先来体验一下快速制胜。

　　快速制胜就是某些你特别想要实现，而且只需要一点点动机驱动就能实现的目标，它们的好处在于既为你创造了"可以实现"的能量，又省下了实现大目标所需的深层次动机过程。

例如，下班以后参加一次团队运动或小组课，每个月去一次剧院，每个月安排一个约会之夜。

快速制胜是一直徘徊在你的脑海中但从未找到时间或能量去完成的短期目标，但是现在的你可以了，无须28天的专注，只需要一点点动力，就可以又好又快地完成这些待办事项。

多想无益，心动不如行动。现在就站起身，动动脚趾抖抖腿，抻抻肩膀抬抬头。运动是一种动机性情感。接着，拿起电话或发送邮件，先体验一把快速制胜。

我敢打赌，你现在的感觉肯定不会太差。接下来我们就可以出发，去寻找一个值得28天专注的黄金目标了。

同时处理多项任务是不可取的

设定目标后，最大的错误就是同时启动所有目标。不要着急，一个一个来。

我知道这一点很难把握，因为我们会兴致勃勃地想要同时实现很多目标。比如，想象着自己变得富有，或是倒立着都能说一口流利的德语，等等。然后我们就会冒进，同时启动多项任务，最终的结果只能是遭遇动机滑铁卢。

千万不要那么做。

一定要走出这个误区。同时处理多项任务可能会造成全面失败，谁都没有多任务处理的能力。明尼苏达大学的索菲·勒罗伊开展了一项原创性研究[3]，并提出了"注意力残留"理论——当你转换任务时，注意力是无法完全跟随的，部分大脑仍然停留在前一项任务上，由此产生了注意力残留，会造成当前任务的效率低下。此外，不断地转换任务或多任务处理会产生越来越多的注意力残留，最终导致你在所有任务上的低效率表现。

美国计算机科学家卡尔·纽波特的著作《深度工作：如何有效使用每一点脑力》[4]为此提供了解药。他的"深度工作"理论阐述了不被外部世界所干扰，深入地开展一项工作或专注于一个目标的方法，这将让你在生活和职场中都获得他人无法企及的突破。纽波特将"深度工作"视为当代社会的超能力，我对此深表赞同。

我们生来就是单任务处理器，意志力理论也支持这一观点。如果你同时承担了多项任务，意志力储备将很快耗尽，结果只会发现自己与梦想南辕北辙。

停下来，深呼吸，让我们再次转变对动机的看法。同时接受多项挑战并不少见，但是如果让你二选一——要么你足够幸运，同时启动多项目标兼有东风相助，每年成功实现一项；要么在28天中专注于一项目标，但很有可能一年内就能实现自己设定的前12项目标，你要怎么选？不要犯傻哦！

第六章

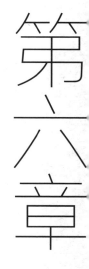

六股积极力量

在开始28天的动机大师课之前，我想先介绍六股积极力量：睡眠、运动、营养、人际联系、安静时光和思维清晰，它们是使动机健康运行的关键元素。科学证明，在你对生活做出重大调整时，让这六股力量保持积极奋发的状态至关重要。

最重要的是，它们还是美好生活缺一不可的要素。我们总是急于实现那些大目标，往往忽略了生活中不可或缺的人和事，比如和朋友出去玩或睡个好觉。这就是我为何让你在参加动机大师课选定想要实现的大目标前，先考虑这六股力量的原因。

在阅读本章之前，我希望你记住，每次你的六股力量之一有所提升，你就释放了额外的动机。

◇ 案例

萨利做到了！

萨利想改变自己的健康状态，我建议她增加睡眠时间。

她的目标是改善健康状态，重塑形体。我们分析了她的六股积极力量，发现她的睡眠质量不高，而这会导致情绪低落，对身心能量产生消极影响，此外还会导致身体储存脂肪，因此睡眠不好的人大概率身体也不会太好。但萨利从未想过睡眠、动机和健康之间的关联。

因此，这次我们不走寻常路，没有让她继续参加常规的训练营，而是从改善她的睡眠质量入手。你可以想象萨利当时的想法——"这是疯了吧？我想去健身房，他们却让我早点睡觉？"

六股积极力量是相辅相成的。为了改善睡眠，萨利可能需要制订一个动机计划，减少酒精的摄入量，增加运动量，保持饮食的营养均衡，创造合适的环境条件，这些都是彼此关联的。你可以把这些力量想象成一条条支流，最终它们将汇聚成一条大河。这就是积极力量的核心所在：它们会协同产生效应。

萨利设定了一个改善睡眠的小目标，她这么评价自己的成果："早睡早起和充足的睡眠让我细嚼慢咽地吃上一顿健康的早餐，而不是匆匆忙忙埋头苦吃一碗高糖麦片；工作了一个上午我也不觉得累，下午也不会再想吃甜食减压。"

接着，她开始将注意力转移到运动上："史无前例，我决定午餐以后出去溜达一圈，还养成了下班后做拉伸和普拉提的习惯。"

很快她就拥有了健康的形体。

随后，她动机满满地开始了下一项目标，存钱买一座新房子。

萨利的故事揭示了六股积极力量作为动机的另一个秘诀，缺一不可。本章将介绍每一股力量，你可以在各个部分的末尾给自己打分。关于六股积极力量的表格能够帮你对自己的分数进行参考评估。得分越高就说明你越幸福、能量越充沛，也越有动机实现自己希望换个工作、搬个新家或写本新书这样的大目标。

在为期28天的动机大师课中，你将逐一观察自己的每股力量及其汇聚而成的动机流，跟踪自己每天的进展。

额外奖励：了解自己的积极力量得分也许会让你产生许多激动

人心的想法，并找到你想要实现的目标。

或许当你拿起这本书时只是想要找到开启一笔新生意的动机，但是随着时间流逝，你会发现自己在不知不觉中习惯了沉思、早睡，把起泡酒换成了薄荷茶。有没有一种头皮发麻、寒毛直竖的刺激感？

深呼吸，不要慌。

我的动机大师课与众不同的地方就在于，每次你将只专注于一个目标。因此，让本章激发出的好主意和目标都"在空中飞一会儿"，不要马上采取行动，接下来我会向你介绍如何细化这些目标步骤，并在28天内只专注于一个。只有这个目标实现或成为一个下意识的习惯，才可以继续下一个目标，以此类推。

当你把时间维度拉长计算就会发现，你或许有可能在一年内实现排名前12的目标，甚至可以在今年的12月31日午夜前，修复婚姻、改变饮食、换个职业、控制体重或者开始学法语。

感觉如何？

如果你有很多想法，别忘了把它们写下来并进行细化，然后先专注于其中一个。相信我，方法虽然很简单，但是很有效。当你选择下一个动机挑战时，好好思考你的六股积极力量，战略性地选择应该将注意力放在哪个方面。

调整好这些积极力量就为持续的动机和充满活力的生活奠定了基础。

接下来，我们将了解这六股力量。

积极力量1号：睡眠

人生有三分之一的时间都在睡觉，睡眠不足会对人的身心健康产生不良影响，同时，低质量的睡眠也是动机的敌人。

新西兰一项针对司机开展的研究表明，睡眠时间少于5小时会导致注意力不集中，因此睡眠不足的人不应该开车[5]。另外，也有众多研究者提出了睡眠不足对情绪、身心能量和决策过程产生消极影响，而这些都是动机的要素。

为了更好地理解睡眠质量对动机的影响，我与《睡眠革命》的作者尼克·利特黑尔[6]见面，他曾为曼联、皇家马德里球队和英国奥运代表团的众多优秀运动员做睡眠指导。在他的指导下，这些运动员明白了良好的睡眠对动机和表现至关重要。当然，对我们这些每天久坐不动却期望达到最佳状态的人也同样适用。

我认为，那些梦想着创造世界纪录的运动员和只是想要找一份新工作的阿希沙小姐，或者希望成为孩子们的好榜样的马克爸爸，他们之间没有区别。赢得奖牌是很重要，但找到理想的工作或成为一名耐心的父亲，同样弥足珍贵。

因此，我们有什么理由不像一名运动员对待比赛那样对待自己的生活呢？睡眠是改善表现的影响因素中最被低估的一项，应该努力加以优化。

以下请见尼克分享的有关优质睡眠和超能动机的三点建议：

第一，忘记8小时神话。

哈佛大学医学院的研究表明，在临床条件下，人的一个睡眠周期是90分钟，由4~5个不同阶段组成，只有这些阶段全部完成才算进入了深度的修复性睡眠[7]。把每个90分钟的周期想象成爬一次楼梯，你要在90分钟内从楼梯顶部走过每一级阶梯到楼梯底部，才算达到深度睡眠；随后再用90分钟爬相同的阶梯上楼。

第二，循环往复，直到醒来。

弄清楚自己每晚大约需要睡几个周期，据此测算出每周的周期（我试过一周不设闹铃，每天睡到自然醒，发现我的自然睡眠时间为每晚7.5个小时，即5个90分钟周期。因此，每周就是5×7=35）。

尼克建议不要把一晚单独拿出来计算，要把一周作为一个周期计算。对此我深表赞同，因为这就意味着，我不用再为某个晚上熬夜工作或某天凌晨2点失眠的问题而担心了。没有了一定要睡个好觉的心理压力，反而睡得更踏实了。记住，只要在一周内达到自己的睡眠周期总量就算达标。

第三，记住可控恢复期。

同样按每周为一个周期养成习惯。可控恢复期是指比打盹稍微长一点的恢复时间。比如，每天找出30分钟定时休息，可以在安静的会议室或公园里度过，甚至不一定要闭眼睛，就跟准备睡觉时一样整个人放松就行。

良好的睡眠有助于实现目标。无论你是在考虑学习一门新的语言，每天跑5千米，还是准备戒烟，控制好睡眠都会对你有所帮助。这也是本书的一个重要议题，即，对待目标要有战术。与其直接挑战大目标，不如先提升自己的六股积极力量，为成功实现它们做好充分的身心准备。

评估睡眠得分情况

一整夜没睡觉，得1分。

睡眠时间少于3个小时，得2分。

失眠了4个小时，现在感觉很困，得3分。

花了很长时间才睡着，醒来后感觉昏昏沉沉，得4分。

今早打了2次以上的盹，得5分。

昨晚间隔着醒了几次，但每次躺下后又都睡着了，得6分。

不断暗示自己睡觉，不知道什么时候睡着的，打7分。

在合适的时间上床，今天只需要一杯咖啡，得8分。

很快就睡着了，并且安睡了一整晚，得9分。

脑袋挨着枕头5分钟就睡着了，醒来后感觉良好，得10分。

积极力量2号：运动

运动能激发热情，点燃动机。如果你想激励自己，请站起来动一动，变化将由此产生。相信我，这是我的经验之谈。我曾指导一群城市经纪人，为了激励他们，我设定了每小时运动闹铃，铃声响起时整组人都会受到鼓舞（或按约定）站起来做伸展运动。

随着时间的推移，我把闹铃换成音乐。我还一直保存着一个特别滑稽的视频，是一名前职业橄榄球运动员跟随音乐搔首弄姿。运动产生了很好的效果，激励大家尽快恢复动力，拨打更多业务电话，完成更多交易。

"应该"或"乐于"运动都是错误的态度，毫不含糊地"必须"运动才对。有太多科学证据显示，无论你正应对什么动机挑战，运动都有助于你获得成功。

如果你就是不喜欢锻炼，那我建议你可以试试隐形健身法，不用上跑步机，也不用去撸铁，只要每天用自己喜欢的方式运动身体，就能为你的健康和动机带来巨大的改变。

真的什么运动方式都可以。比如，如果你喜欢跳舞，那就打开音乐，跳一段迪斯科；喜欢走路，就出去散散步；喜欢园艺，就赶快去花园吧。只要你的身体各个部位都在以它生来应有的方式动起来，就会给你带来额外的动机，助你实现自己的目标。

专家把隐形健身法称为非运动性热消耗（Non-Exercise Activity Thermogenesis，NEAT）[8]。顾名思义，NEAT是指所有通过非常规锻炼达到燃烧卡路里的目的的活动。比如打扫房子，走路去咖啡馆，等等。它的运行机理很简单，只要每天做更多的NEAT运动，你的健康状况就会改善，能量就会提升，动机也会增强。根据美国亚利桑那州凤凰城的梅约诊所的研究员詹姆斯·乐维预计，NEAT运动每天可以帮助一个人燃烧350卡路里，相当于一个奶酪汉堡的热量，不难想象每天坚持做下去会产生什么效果。实际上，NEAT运动相当于把你的整个世界都变成了一个隐形健身房，但是其他人并不知道这个健身房的存在，你也永远不用担心健身房高峰期没有储物柜可用的情况。

以下是我的NEAT运动清单前7名：

①站着办公——如果你没法做到站着办公，那就站着接电话。

②绿色出行——骑自行车、跑步或走路去上班，如果实在太远，就在通勤路上的最后15分钟这么做。

③和孩子们一起玩——不一定非要去踢足球，可以和他们一起玩搞怪的步行游戏，或者在保证安全的前提下把他们当壶铃，抱起来甩一甩。

④线下购物代替网购——选择线下购物就意味着你要走出去，而不只是坐着点点鼠标。

⑤清空你的橱柜——清理工作过程中你就能完成举重、深蹲和数小时站立。

⑥边走边聊——和团队成员一起边散步边开会，别再和朋友约下午茶聚会了，改约散步吧。

⑦做个清扫达人——多做清扫类家务，清洗洗碗机、拖地、晾衣服都行。

你可以和大家分享自己的NEAT运动吗?

评估运动得分情况

今天还没离开过家，得1分。

从沙发上起来时摇摇晃晃，得2分。

整天坐在办公椅上，得3分。

坐电梯，没走楼梯，得4分。

工作中有规律的运动时间，午餐后外出散步，得5分。

边动身体边进行阅读，得6分。

如果不徒步去某地，就浑身不自在，得7分。

达到1万步的走路目标，得8分。

鼓励别人做更多运动，得9分。

今天的运动量比一节健身课还大，得10分。

积极力量3号：营养

与其帮你做一个饮食营养计划，我更想说，重要的是你真的在乎吃进嘴里的是什么。无论你喜欢原始饮食、素食还是地中海式饮食，重要的是你对自己吃的食物真正感兴趣，因为只有当你了解自己摄入的食物以及其中的门道，才不算囫囵吞枣。

当你感觉到饥饿，体内的血糖含量就会降低，就会被原始大脑控制。血糖波动产生的焦虑感会给原始大脑传送需要进食的信号，于是它会阻碍你理智的人类大脑对食物类型做出鉴别，导致你开始大量进食垃圾食品。

这么一来，你的动机将被摧毁。例如，你的目标是加入乐团当主唱，如果没有摄入正确的营养，你可能就会丧失练习的动机，日积月累，这些受营养动机驱动的练习课将决定你能否实现目标。

另外，我劝你别再节食了，因为食物是优质生活的保障。当你享受进食的过程时，就能拥有健康和能量。但要记住，当可选食物太多时，你就很有可能会做出错误选择，因为进化论决定了人类更中意高脂肪、高热量的食物。这并不是你脆弱的表现，而是原始大脑压倒了理性选择，也是相比沙拉，我们都更愿意吃汉堡的原因。

　　战胜多项选择带来的诱惑，最好的方法是加入一个食物部落（动机大师课第13天会详细介绍部落），例如不吃肉，不吃加工的碳水化合物、不吃焦糖，清楚地了解自己的食物取向，都有助于减少选项，从而拥有一个全新的健康的饮食方式，用以保持动机。

　　记住，重要的是你真正在乎自己吃进嘴里的是什么。如果你想减重，不要把事情复杂化，只要摄入的卡路里少于你能消耗的，就可以达到减重的目标。这就是积极力量有趣的地方。如果你是NEAT运动者，同时睡眠也不错，就能燃烧额外的卡路里，而当你加入了一个食物部落，改善了整体营养摄入，就能达到健康的体重。即使你的目标并不直接与营养相关，摄入的食物也会帮你实现营养均衡。

　　优质的营养等于优质的动机。基础工作做对了，才能轻松实现大目标。

评估营养得分情况

　　如果你对摄入食物的态度就像登山运动员对珠穆朗玛峰，只是因为"它就在那里"，得1分。

　　今天因为太忙而没有好好吃饭，得2分。

　　知道自己本可以做出更有营养的选择，得3分。

　　记得至少吃一种健康的零食，得4分。

　　今天至少有一顿饭是家里做的，得5分。

　　除了一些小失误，大部分时候吃得还不错，得6分。

　　只要吃垃圾食物，就有负罪感，得7分。

有两顿以上的饭都是自己从选食材开始做，得8分。

将不健康的食物换成了新鲜的、有营养的，得9分。

今天用餐很愉快，打算明天也要好好吃，得10分。

积极力量 4 号：人际联系

当我第一次对照六股积极力量打分，在人际联系项上得分极低，但我幸运地发现了动机的工作原理，世界因此变得豁然开朗。我最好的两位朋友，莱尼和科姆都住在爱尔兰，离我所在的埃塞克斯很近，尽管我很喜欢常与家人在一起，但也希望朋友陪伴左右。我做了一些研究，它们改变了我对人际联系的看法。

有社会学家做了一项调查，询问人们"在遇到危机或想要分享快乐的时刻，你能找到多少人帮忙或一同庆祝"？调查结果显示，人类的亲密关系在过去几十年里逐渐弱化。2014年，北卡罗来纳杜克大学的米勒·麦克法森教授和他的团队调查发现，40年前美国人人均约有3名密友，而现在大部分美国人已经没有密友了[9]。这一点实在令人扼腕叹息。

我不认为这是一个偶发情况。当今社会人与人的面对面联系不断减少，焦虑、抑郁和缺乏动机的情况逐年上升。人类是社会性动物，需要人际联系来获得激励与满足。

澳大利亚作家宝妮·瓦尔在回忆录《人临死前的五大遗憾》中，对人际联系的力量做出了完美的总结："在世时没有给予友谊应有的时间和努力，造成了太多深入人心的遗憾，于是每个人在离世前都会不可避免地想念自己的朋友。"[10]

我所指导的小组成员是一群成功、热情、温暖和友好的人，他们对照六股积极力量给自己打分，结果大同小异，人际联系一项的得分都低于5分。这个悲观的事实印证了社会学家的发现，即，人类正变得越来越孤独。

人际联系是我们必须努力维护的一项技能。我们常常自我麻痹，认为无须维护人际联系就会永远存在，但现实是人与人之间逐渐疏离。这就是生活。拥有众多的朋友是一件幸运的事，而大部分人都是孤独的。我认为，只要努力，我们可以改善生活中每一件事物，包括维护与你在乎的人之间的关系。但一切都取决于你能否用自己的动机去那么做，而不把那些"他（她）曾说"或"他们也没有联系我"作为借口。或许你想联系的人正被生活所困，但你正冲破桎梏，学习控制自己的动机目标。试着将有意义的人际联系重新带回到自己的生活中，提升你的动机，让你的世界更加光明。

当你掌握了动机，你想实现的目标又会反过来推动你改善与别人的联系。成长、学习和与他人加强联系在你的舒适区外，它们彼此影响，形成了一个积极的动机环。人际联系能为实现目标的动机奠定基础，但这一点在设定目标时却容易完全被忽略。

○ 接受人际联系挑战

现在拿起你的手机，给一个对你来说很特别但已经许久不联系的人打个电话或发条信息。哪怕做之前可能需要做足心理建设，但我敢保证做完以后你肯定感觉很好。这项挑战的奖励是，你将为一件重要的事鼓足勇气和动力，成为自己的动机的守护神。

评估人际联系得分情况

今天没有和任何人面对面接触，得1分。

取消了和朋友见面的计划，得2分。

今天和朋友只通过网络接触，得3分。

与邻居、客户或咖啡店里一个友好的人交谈，得4分。

有一名同事或熟人正式进入你的"朋友圈"，得5分。

定好看望老朋友（且发誓绝不爽约）的计划，得6分。

如果不去见某人，将抱憾终身，得7分。

成功地将朋友们聚在一起，得8分

与一位多年不见的朋友重新取得联系，得9分。

与一些亲密的朋友进行了面对面的有意义的交谈，未来可期，得10分。

积极力量 5 号：安静时光

几年前，我邀请了积极心理学家、《意识是自由》的作者伊塔依·易福赞博士[11]为我指导的城市经纪人们介绍"正念"。他们习惯于我那些诸如跳舞、设闹钟之类的动机技巧，因此，我担心正念对他们来说可能会跨度比较大。

　　事实却证明我错了。易福赞博士的方法近乎完美，他很清楚这帮人对"正念"并不感冒，只热衷于追求巅峰表现。于是，他打了个比方，"你的思维就像一部智能手机，白天你会打开各种应用软件，越忙打开的应用软件就越多，但其实每一个应用软件都会降低手机的处理效能"，让它不在最佳状态运行，但是"只要你花几分钟关闭已经打开的应用软件，它就又会恢复到巅峰状态，人的思维也是一样的"。这个比喻改变了我对正念的看法。

　　记住，与手机上打开的各种应用软件一样，白天积累的各种认知负荷在不断占用你的大脑容量，导致思维处理能力降低，从而阻碍你良好的表现。

　　现在，试想你学到了一种快速清空认知负荷的技能，只要1分钟，它就能赋予你完整的思维处理能力，让你时刻保持效率和动机。

　　至此，大家都被深深吸引。下面让我们来看看易福赞博士的一分钟呼吸锻炼，试着重新与当下相连接。

　　先试试"1分钟正念"吧！

　　定好一分钟的闹铃，保证到点了闹钟会响起，这样你就不用盯着表看了。

　　用鼻子吸气，数四个数。

　　呼气，再数四个数。

　　重复呼吸和数数。

　　如果中途你的思维开始飘散，慢慢回归到数数和呼吸上，直到闹铃声响起。

　　就这么简单，但是很有效。

○ 享受一段安静的时光

你并不是为了正念而正念。简单地找几分钟时间度过一段安静的时光，专注地让自己的思维放空将对你的动机产生巨大的影响。你可以在这段时间里祈祷，也可以闭上眼睛或者安静地坐一会儿，都能让自己产生同样的平和感。

抽空让自己的思维得到休息，当它恢复时就会变得更强大。

评估安静时光得分情况

一整天忙得脚不着地，感觉脑子里晕乎乎的，得1分。

早上醒来就开始查看各种社交媒体或邮箱，得2分。

试着停下来做个深呼吸，但是被分心了，得3分。

集中精力思考一个问题并很快将其解决，得4分。

整整一分钟没看手机，得5分。

通勤路上读了一本书，或没查邮件而是看看窗外，得6分。

必须让自己安静下来，否则将无所适从，得7分。

在一个繁忙的场所，但不被周围的纷乱所打扰，安静地坐了一会儿，得8分。

抵挡住拿起手机的欲望，出去散步或练瑜伽，得9分。

停下来散步、阅读、正念，现在感觉很平和，得10分。

积极力量 6 号：思维清晰

通过亲身体验，同时很高兴看到千万人与我一样幸运，深刻地理解了戒酒对清晰的思维以及动机有多重要。

我知道你可能会觉得，劝人戒酒其实是剥夺了他人的一个乐趣。但事实正好相反，我的目标是帮助你们实现梦想，还有比这更有趣、更令人兴奋的事吗？

再说我并没有让你永远不要喝酒，只是通过减少饮酒的量或策略性的中断，测试一下自己的感觉，如果你感觉充满了能量与动机，那有什么理由不去戒断它呢？

耐心听我说下去，因为这个话题很重要，而且貌似也没有别人愿意说。几乎所有教练、培训师、有影响力或有动机的人都对其他几股积极力量津津乐道，唯独鲜少提及酒精这只"房间里的大象"，出现这种情况的原因很有可能是他们自己其实也喝酒。

我更关注那些成功戒酒后拥有清晰思维的人，因为他们在酒精和动机之间建立了联系。碧昂丝、奥利·奥乐顿（电视剧《英国特种空勤团：勇者必胜》中的演员）和布莱德利·库珀就是几个成功戒酒的例子。

我认为，能对你的动机产生最快和最大的影响力的两股积极力量是酒精和睡眠，处理好了这两者的问题，动机就会加速提升。与其他几股动机力量一样，睡眠和酒精也是相互联系的。研究表明，酒精会摧毁深度的恢复性睡眠[12]，回想一下尼克·利特黑尔的比喻就会发现，缺乏深度睡眠就好像你一直处于爬下楼梯的过程中，却从未到达楼梯底部。扰乱自然睡眠的模式，导致白天的敏锐性减弱，降低生产力，削弱动机，而这些只要几杯酒就能做到。

思维清晰是动机力量中超能力一般的存在，因为它会让你在所有好事上保持一贯性，包括运动和饮食。我想，一贯性的重要意义无须赘言。只要坚持目标步骤，完成每天定好的任务，比如写500个字、跑5000米或给10个客户打电话，就能实现自己的梦想。但酒精会让清晰的思维变混沌，满心只想着"管他呢"，于是你突然发现自己不写500字也不再跑步了，不断推迟给客户打电话的时间，目标动力就此丧失。直到成功戒酒，你又能恢复清晰的思考，继续保持一贯性，找到每天坚持的动机，这些日常的小成功最终将创造奇迹。

关于酒精的问题，我想说最后一句，得失由己。

评估思维清晰的得分情况

脑子里想的都是什么时候去喝下一杯，得1分。

虽然有宿醉感，但今晚还要再喝，得2分。

两天了，还未从酩酊大醉中缓过来，得3分。

朋友不邀请你去酒吧，你就没去，得4分。

把饮酒量控制在官方限制以下（即每周14个单位，合7杯红酒或6品脱啤酒），得5分。

本周只喝了一两杯，得6分。

如果只尝一小口，不，不行，得7分。

感觉"喝不喝都行"，得8分。

拒绝了啤酒推销，不喝酒也觉得很高兴，得9分。

28天以上没喝酒，而且也乐于不喝，得10分。

六股积极力量评分

以下表格2-1中的6列分别代表一股支持动机的力量支流，它们最终能汇聚成江河般磅礴的力量，助你走向美好生活。它们不仅能让你的原始大脑保持愉悦，还能赋予你额外的动机。

计算一下自己得了多少分。

表 2-1　六股积极力量评分表

睡眠	运动	营养	人际联系	安静时光	思维清晰
1	1	1	1	1	1
2	2	2	2	2	2
3	3	3	3	3	3
4	4	4	4	4	4
5	5	5	5	5	5
6	6	6	6	6	6
7	7	7	7	7	7
8	8	8	8	8	8
9	9	9	9	9	9
10	10	10	10	10	10

从现在起，我希望你每天都能记得对照自己的六股积极力量打分，它们是你动机的基本要素。得分结果将帮助你跟踪自己的进展情况，并搞清楚哪些方面需要继续努力。

做法很简单，每天记录每股力量的得分情况，10分意味着这一项你已经获得成功，1分说明你需要用心注意这个方面。

有一点要特别注意，不要打7分，幸运数字7不是一个简单的选择，仔细考虑一下自己是更靠近6还是8，对自己的六股力量做出正确的评估。

○ 万物互联

希望这六股积极力量对你来说不仅是动机的基本要素，同时也是通向自我实现和幸福的路径。

多年来，我一直为自己的好高骛远感到遗憾，没有认清良好的睡眠、积极运动、营养均衡、人际联系、安静时光和思维清晰这六种基本元素才是生活的核心意义。

因此，在开始28天挑战前，请你像动机专家一样进行思考，为自己的目标制订好实施策略。

○ 叠加目标，便捷行事

你已经了解了六股积极力量，现在根据得分情况来确定你想率先实现的大目标。记住策略，从可以尽快提升某股力量的目标入手，得分越高的越容易找到实现的动机。

以学员吉米的目标为例：

存钱购房

学西班牙语

健康塑形

营养饮食

对照六股积极力量，吉米得分情况如下：

睡眠——6 分

运动——2 分

营养——5 分

人际联系——8 分

安静时光——6 分

思维清晰——8 分

上面两个清单让吉米一目了然地发现，自己的制约因素是缺乏运动，而这同时也有可能影响了存钱购房的动机。于是他调整了清单，加入运动目标以优化动机。他叠加了可以增加积极力量中得分较低的目标，提升积极力量，最后再挑战初始目标。

修订以后，他的目标如下：

日常运动——骑自行车上班，在单位走楼梯，每周练瑜伽

优质睡眠——每晚 11 点上床睡觉

营养饮食——戒掉加工食品，自己烹饪

存钱购房——将收入中的20%作为存款

学西班牙语——希望去墨西哥前学会口语

策略性和目标叠加为吉米增加了动力，让他那些排名靠后的目标变得更容易实现。他明白只要自己每天保持运动，睡眠就会变好，保持健康，睡眠和运动将提供保持营养饮食的额外动机。当他感觉到自己更加健康、苗条，也更有能量之时，就更有能力去实现存钱购房的大目标了。

叠加目标的另一个好处是，它给人一种可以在短时间内获得巨大成就的感觉。我们已经了解同时启动所有目标是不可能获得成功的，叠加还会产生一种同时在朝着很多目标进发的感觉，但事实上又能让你一次只专注于其中一项。

如果你难以做出决断，以下的问题可以帮你筛选出本书余下部分应该关注的首要目标：

你是否愿意今天就启动这个目标？

先实现其他目标是否有助于更好地实现这一个？

这个目标是否有助于你提升积极力量？如果是，能改善哪几股力量？

提升的积极力量能对你产生什么作用？

实现这个目标是否有助于更多其他目标的实现？

这个目标是否有利于他人？

　　在继续往下读之前，试想一下接下来几个月生活中一切都会有所改善：或许你能找到理想的工作，随着饮食结构的调整和每天积极运动，你会感觉压力陡降；或许会变瘦，身体和皮肤都会变好；压力减少后可以尝试改善睡眠，睡眠改善后思维会变得更加清晰，然后充满能量和信心地加入跑步俱乐部；你会与自己的跑步俱乐部建立深入联系，爱上大自然，找到生活的意义和目的；最后你将恢复朝气蓬勃的状态，而最重要的是，你将感受到发自内心的快乐。

　　这是否意味着生活中所有的起起落落都烟消云散了呢？并不是，但你现在过着充满活力和意义的生活，当困难到来之时，你会更有韧性，遭遇挫折后恢复也会更快，这就是提升六股积极力量和制订动机计划带来的好处。

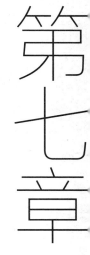

第七章

熟练运用你的目标活塞

接下来的28天中，你将学完一套动机大师课。课程结束时，你要么成功实现了这个目标，要么把它变成了一个习惯性的过程并持续到将其实现。

记住，我并不是要求你在28天内必须完成自己定下的目标，而是在4周后制订一个计划，让目标像下意识的习惯或核心价值那样运行。一旦一个目标深入你的意识层面，你就能每天自发地完成目标任务，随后转移到下一个目标，直到它也变成下意识的习惯或核心价值。

举例来说，假设你的目标是6个月后参加一场马拉松比赛，那么，你可以在学习课程期间制订一个每日锻炼计划，并养成每日定额跑步的习惯。如果你在28天内坚持每天跑步的动机计划，马拉松比赛目标就会自主完成。这时你可以将注意力转到下一个28天计划，直到它也进入自动巡航模式。

再举一个例子。我的朋友科姆，他的目标是学会用吉他弹奏自己最喜欢的曲子。28天大师课结束了，尽管他没有实现这个目标，但养成了每天练习的习惯，并且这种习惯已经进入自动巡航模式，成为他的每日例程。他接着便做好准备继续下一个目标——考取指导师的证书并在接下来的28天制订一个证书学习的动机计划，最后吉他练习和证书学习都成了他的日常习惯。这些习惯慢慢融入他的生活，随着时间的推移，他离弹奏著名的吉他曲《通往天堂的阶梯》和成为一名指导师这两个目标越来越近。同时，科姆也继续将注意力聚焦到其他希望实现的目标上。

本书介绍的28天动机大师课旨在将你的目标从意志力层次推进到下意识层次，并最终成为你的核心价值观。

想象一下，你的动机可能有图2-2的几个层次：

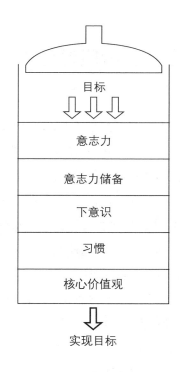

图2-2 目标活塞与动机层次示意图

意志力和它的克星犹豫心理处于顶层，当你对自己的行动不够坚定（比如你想去健身房锻炼，但更想躺在沙发上休息）时，犹豫心理就会产生。动机大师课的大部分内容将用来消除这种犹豫。

当目标进入更深层次的下意识，你就不需要意志力了，因为那里不存在犹豫心理，动机挑战已成为你下意识的习惯或核心价值观。动机大师课旨在推动你将目标深入到自我价值层面，这样它就会成为你的一部分，犹豫心理也就不可能再扰乱它了。

习惯是个好东西，价值观甚之

别误会，我喜欢好习惯，但是健康的例程可能会被不健康的影响，因此最好把目标变成你的核心价值观。当然，在那之前，肯定要经历将目标变成习惯的过程，然后随着时间的推移，动机会把习惯变成灵魂的一部分，并更加深入成为核心价值观，而此时我们便不再需要动机了，只要随心所愿，每天执行目标任务即可。

先来学习如何养成一个习惯。查尔斯·杜希格在著作《习惯的力量》一书中这样解释："要改变一个习惯，你必须保留那个旧习惯中的暗示，延续旧习惯的奖赏并加入新的例程。"[13]

以一个办公室烟民为例，中午11点的休息时间可能是他的一个暗示，奖赏是与朋友聊天，顺便了解些办公室八卦，旧例程是11点休息时间去抽烟能让他获得聊天这个奖赏。

因此，要改变这个习惯，就要保留"11点"这个暗示和"聊天"这个奖赏，但要把抽烟这个旧习惯换成一个更健康的，比如喝咖啡，让这个烟民既能手头有事可干，又能继续聊天。

更换习惯例程是切实可行的。如果他能以足够多的次数去实践喝咖啡这个新习惯，那么抽烟这个不健康的旧习惯就会被摒除。但如果只停留在习惯层次，因为旧例程已经深入人心，只要有一点机会它就会卷土重来，就像你绝对不会忘记怎么骑自行车是一个意思，所以，我们永远都有可能被坏习惯绑架。

我们都有过在毫无准备的情况下丢弃一个好习惯的情况。试想，假如那个烟民在11点时发现咖啡机坏了，他会不经思考就放弃喝咖啡的好习惯，重新拾起抽烟的旧习惯。

再看另一位同样换成健康的习惯并向前多走了一步的烟民。随着时间的推移，不抽烟已成为他的核心价值观，而抽烟不再是自我的一部分，还违背了他心灵最深处关于健康的信仰，此时的他就绝不会重蹈覆辙。这是为什么呢？因为对他来说，咖啡机坏了和抽不抽烟已经是毫无关系的两件事，咖啡机坏了只是不能喝咖啡了。

这就是核心价值观的力量，它会把习惯推到一个同时受人类大脑和原始大脑保护的地方，使之不被旧的没有用的习惯所绑架。

动机大师课就是为了帮助你将目标尽可能地深入到下意识层次，让原始大脑完全接受它。不只是简单地以新习惯更换旧习惯，更是将新习惯深入到核心价值观层次。

你可能会认为，有些目标只能成为习惯，比如学弹吉他。但是为什么要止步于此呢？为什么不让音乐成为你自身的一部分呢？如果弹吉他成了你的一种自我表达，你就会有每天练习的动力，哪天不弹或许都会有种不再是自己的感觉。

你也能很快就养成每日运动的习惯，但是又有多少次，当你锻炼了几周或几个月好不容易练出了一条肌肉，却因为忙而错过了几堂课，这个习惯就被随之摒弃了？

再来看看那些上过动机大师课，把运动当作和呼吸一样的生活必需品的人。他们就算错过了几天的课，也会继续去上下一堂课或根据实际情况调整新的例程。比如，当他没法参加例行的60分钟课，他会选择走路去开会，或在车库里做一段高强度的间歇性训练（HIIT）。

总而言之，当运动成为他们深层次的价值观和生活的一部分，这个习惯就不会轻易被摒除，因为它已经深深植根于自我核心。

如果你能运用这套课程将自己的大目标转化为核心价值观，就能毫不费力地成为拥有健康形体、营养饮食、良好的人际联系和优质睡眠的人。不是因为你应该这样，而是它们已经成为你的一部分，且使你从中找到了不竭的动机。

掌控目标

运动和动机有何关系呢？在1996年的欧洲足球锦标赛上，英国球员加雷斯·索斯盖特[14]因为失手丢了一个半决赛点球，把自己的队伍送回了老家。索斯盖特在这次痛苦的经历后发现，如果对自己的计划缺少掌控力，就会很容易受外界影响，如球场上的人群和对手，你会自然而然地担心别人在说什么。这些外部因素可能会渗入你的思想，摧毁你的表现，引起紧张情绪，最终导致丢球。

接下来我们再看看2018年的世界杯四分之一决赛。这次索斯盖特作为英格兰主教练，再次面对点球大赛。

为了筹备世界杯，他聘用了世界顶尖的运动心理学家皮帕·格兰杰帮助球员制订计划以应对球场的高压时刻。大家专门排练了点球，为真正面对那个时刻做好充分的心理准备，还设计好了从走向点球点的速度到球摆放的位置中间的每一步，以及如何管理自己的呼吸和点射的方向，准备征服这一刻，而不是反过来被它征服。

当英格兰队和哥伦比亚队踢成3比3平手，点球成为分出胜负的唯一方式。英国球迷都认为英国队会输，埃里克·迪尔挺身而出，执行预先制订的点球计划。最终，迪尔进球得分，英格兰成功进入四分之一决赛。

在英格兰队获得第一次点球得分后不久，索斯盖特表示，"我们就如何赢得点球大战进行了艰苦卓绝的准备"。球员通过训练掌控了点球动机计划，这时他们无须思考，只要按照既定计划执行就能获得成功。

你的动机挑战中或许没有足球和数万名激昂的粉丝，但是方法其实都一样。只要完全掌控了自己即将面对的挑战，就可以得分。

○ 猴子实验

受加雷斯·索斯盖特和皮帕·格兰杰启发，我再次进行了深入研究。另一位科学家的研究填补了我的知识空白，并让我找到了一个彻底改变人生的动机计划。

在此，我想为大家介绍一位先锋科学家哈利·哈洛[15]，他在1949年创建了世界上第一个灵长类动物行为研究实验室。1950年，他进行一系列恒河猴实验，发现了令人意想不到的动机转变。

　　哈洛和同事一道设计了一系列机械难题来测试灵长类动物的学习能力。为了让猴子们为即将开始的测试做好准备，研究人员几周前就把那些机械难题放在每个笼子里。他们相信，在没有任何奖惩措施的前提下，猴子们根本不会去关心这些难题，对它们来说只是好玩而已。但接下来发生的事却让科学家们感到困惑不已。

　　事实上，猴子们非但没有无视这些难题，反而玩得不亦乐乎。为了解决这个难题，它们必须拆除一个垂直销，解开一个闩锁，并解开一条铰链。

　　出人意料的是，猴子们的注意力十分集中，态度也非常坚定，最终顺利解开了这些难题。让科学家们更不解的是，解这些题根本没有奖赏，那么是什么促使它们完成了解题的过程呢？

　　这种行为模式与当时的科学理论相悖。彼时大家普遍认为，水、食物、睡眠等生物学需求才是猴子和其他灵长类动物（包括人类）的根本动机，因而猴子们这种奇特的行为完全是出人意料之举。

　　很明显，在没有外在激励因素的情况下，猴子们依然通过学习做出了高水平的表现。解决这些难题好像只是因为它们享受那个过程和它们觉得有趣，解决问题的乐趣或许才是它们的动机。于是，哈洛大胆猜测，这种内在的动机或许是一种从未被注意过的驱动力。为了测试这个新兴理论的准确性，他决定将内在动机与生物动机和进化动机相比较，推演"内在动机实际上是被两种已知的动机掩盖了"这一假设。

　　出乎意料的是，当哈洛用葡萄干作为奖赏引诱猴子解题时，它们的表现反而变差了。在完成难题的过程中，它们犯了更多的错误，动作也变慢了，这个发现足以反转现实中所有的认知[16]。作家丹·品克在他的作品《驱动力》中写道："这种感觉简直和为了测试钢球的速度将它推下斜坡，却发现钢球竟然飘浮在空中一样。"

也就是说，哈洛和他的团队在无意中发现了新的内在动机，这种动机对人同样有效。此外，哈洛还认为，这种内在动机可能"代表了一种动机形式，它可能与稳态的驱动力一样重要"。

自决力

纽约罗切斯特大学的2名研究人员理查德·莱恩和爱德华·德其在哈洛1950年发现的基础上，继续对内在动机进行研究，并创建了我认为最伟大的动机理论，即自决理论（SDT）[17]。

自7万年前的认知革命时代起，我们的人类大脑便开始不断进化，奖惩体系在其中发挥了积极作用。其实理念说起来也很简单，就是我们常说的胡萝卜和大棒政策。当动机开始减弱时，只要设立一个更加诱人的奖赏或更加严厉的惩罚就能起到促进作用。但是到了20世纪，我们发现胡萝卜和大棒政策好像有点不管用了。

这么说可能有点夸张。奖惩措施对于某些任务来说仍然是有用的，但是当动机推进到一定层级，可能最大的胡萝卜或最重的大棒都无法对其产生任何影响。人类的渴望显然比以前更强烈了。

莱恩和德其的研究确认了哈洛的猴子实验已经证明了的事实，即享受目标实现的过程确实是一种强大的动机，因为人类对自身的行为有一种内在的渴望，这在SDT里叫作自主。他们认为，"自主意味着做任何事都是出于决心、自愿与和谐感，即，完全支持和赞同自己正在从事的行为"。

也就是说，你决定、支持和赞成自己去追求某个想要实现的目标（即，根据自己的价值观和信仰决定自己的行为）。

仔细想想，人类是好奇的动物，不需要惩罚或奖励就自然地喜欢探索和采集新的信息。在成长过程中，我喜欢踢足球，和奶奶一起织围巾，观察鸟类（我承认后两项活动都是秘密进行的）；成年以后，我热爱写作，但并不是钱激励我写这本书(这一点恐怕不能让出版商知道)，而是因为我喜欢试着将复杂的想法提炼成易于理解的语言的过程，享受支配自己的时间，做自己的研究，在一家充满神秘感的咖啡店里写作，等等。

尽管自主行为似乎是理所当然的存在，但科学界此前确实完全忽视了它。已有的研究只关注一个人拥有多少动机或者没有多少动机，而作为该领域新人的莱恩和德其却发现，知道某个动机是自主的还是受控制的，就可以对过程中的参与度、表现和幸福感做出更好的预测。实际上，他们首次提出了两种动机的存在，即外在的（受控的）"胡萝卜和大棒"动机，和内在的（自主的）"选择做某事只是因为想做"动机。而让这项研究更有意义的地方在于，自主不仅是一种重要的动机，它还取代了简单的奖惩概念，使动机游戏发生了翻天覆地的改变。

是时候获得新的动机之道了。它会让你对自己的目标享有完全的掌控权，因为你发现了实现目标只是因为你想这么做，而不是应该或必须做。

第八章

我喜欢胜券在握的感觉

　　我们经常会犯的一个动机错误是将所有注意力都集中在如何实现目标的最终结果上。就好像看着喜马拉雅山，只会思考到底要怎么爬上去。当你认为自己面临的挑战庞大到让你相形见绌，就会觉得它不可攻克，于是实现它的动机就会慢慢消息。

　　切记，设定目标和实现它们的动机计划应该严格分离。找到一个目标很简单，但每天为之努力却需要巨大的耐心和毅力。

　　本书剩余部分是与你分享制订一个可以掌控并付诸行动的计划，确保你行必需之事。没有人能在一天之内登上喜马拉雅山，要登顶就必须在明确自己目的地的同时，积跬步以至千里。动机计划就像一个责任中心，它会让你保持行动并积累每一小步，只要你掌控了这个计划，就能实现目标。

如果你不制订计划，那么……

　　如果你不制订计划，那么其他人或其他事物，或进化本身会给你制订一个。进化的计划很简单：生存足够长的时间并实现繁衍，人类和鲨鱼、斑马、瓢虫一样，都被同样的进化力量所激励。

　　心理学家道格拉斯·李乐在著作《快乐陷阱》中说："30亿

年来，生物在一场永恒而神秘的竞技舞蹈中战斗、撕咬、昂首阔步。"[18] 人类的存在是因为我们的祖先通过不断斗争寻求生存，并使基因代代相传。

　　进化这种令人兴奋的特质大多发生在未被人注意的地方。地球上的每一个生物，包括你我都在跳着同样的生存之舞，但是这种进化魔术隐藏在我们大脑的原始部分。我们很清楚自己对食物和温暖的需求，这些内在的进化需求在我们毫无知觉的情况下引导着我们做出选择。

情感坐标

　　李乐将快乐、痛苦和能量维持等统称为"情感坐标"，进化通过这个系统执行自己的生存和繁衍计划。饮食、睡眠和性都能让人感觉良好，而摔断腿、饥饿、没有朋友、错过了最喜欢的演出或被部落冷落则反之。

　　过去的几千年间，人类和动物一样，被这些情感所指引。兔子需要能量来逃离被狐狸捕食或伤害，如果它跑得够快，或许能得到胡萝卜和繁殖带来的快乐。对照情感坐标来看，任何一种会呼吸的生物在基因繁衍的过程中，都会遵循相同的轨迹，那就是摒除痛苦留下快乐。

　　切记，人类现有的进化工具与兔子和鲨鱼无异，进化对所有物种一视同仁，它并不会在看到镜子里的某个完美的物种标本时留一句"我的工作到此为止",扔掉话筒而走出生命舞台。

你的进化硬件此刻正在激励你下意识地为实现它永恒的目标而奋斗,也就是生存足够长的时间,并将你的基因遗传给下一代。

○ 谁动了我的情感坐标?

3万年前,当人类停止狩猎和采摘,开始驯化动物和植物,进化硬件就已经无可救药地过时了[19]。遗传密码的自我调整开始失败,我们不再依靠快乐、痛苦和能量维持的情感坐标的指引,因为那就和打开谷歌地图找开会地点,却错误定位了城市是一个道理。

回到狩猎–采摘的美好时代,如果那时有甜甜圈,人类肯定会非常想要,因为它对于进化来说贵如黄金。甚至到了今天,我们的原始大脑中关于甜蜜的定义仍被高糖分、维持能量和拯救生命的快乐所充满,人类由此开始了与这些潜意识破坏者(动机大师误的第9天将会详述)之间永恒的矛盾斗争。原始大脑想要一个甜甜圈但人类大脑不想,于是双方之间展开一场拉锯战,通常会以原始大脑获胜而告终。结果就是,你在茫然不知所措中吃下了一个甜甜圈,而困惑于自己明明应该正在控制饮食啊?

○ 食物只是一个开始

生活中大多数拖后腿的东西都与失败的动机系统有紧密的联系。记住,如果你没有自己的计划,进化就会帮你制订一个,在这一点上人人平等。

想想，你有多少次被邮件、短信、最后一刻的恐慌、丢失的午餐盒、工作截止日或别人"需要"你解决的某个问题而惊醒？他们并无恶意，但这就是生活。

"能否请你帮我做这个？""你是否介意做那个？"同样的问题几乎每天都在发生。

突然间，我们发现，为了生存，自己尽最大的努力熬过每一天，试图兼顾工作、家庭和压力，满足其他人不断提出的需求。你会在第23天发现，在肠道中的微生物也为你制订了一个计划。

平日里，动机挑战经常会被遗忘，但它会往往在12月31日的午夜重新浮现。于是我们会在此时此刻发誓，明年一定要有所改变。但矛盾的是，想要随心所欲过日子的唯一方法便是制订一个计划，你将会发现没有计划就没有自由。

那么，什么是计划呢？我的答案是：设定每日例程。这样你无须经过思考，直接开始做即可；建立个人责任中心，帮助你每天坚持下去。

设定每日例程三部曲

动机计划会在你早上醒来就提醒你开始自己的晨间例程，这时候尽可能不要使用任何电子设备，抽出五分钟写日记(如果你不清楚怎么写日记，我将在这一部分做出解释)。

或许晨间例程开始之前，也可以喝杯茶或冲个澡，关键是用动机大师课指引自己，最终完全掌控自己的晨间例程。

晨间例程结束后是行动起来，执行你的每日目标任务。最后是晚间例程，通过睡前回答自己的一个小问题来闭合你的动机责任环。

○ 如果写日记无效

如果你尝试过写日记的方法，但发现没有效果，请尝试我刚刚介绍的方法，它会让你从容、专注，非常快速且有效。

关键在于每天早晨都要做好与自己的交流：我是谁？我的目标是什么？我要怎么实现？

我将用自己和数千名学员的亲身体验和评估结果，向你展示如何通过这些例程来实现自己的目标。日记是你可以利用的工具，把这些例程写下来，让它们更加有效。

但假如你发现写日记真的没用，请尝试在脑子里遵循这些例程，可以在刷牙的时候对着镜子按照日记的流程过一遍，也可以记在手机的备忘录里。一定要掌控和遵循自己的晨间和晚间例程，做到真正对自己的梦想负责。另外，我还建议你准备一个效率手册，切实安排好自己的例程。

○ 此日记非彼"亲爱的日记"

我发现，如果无法实现简单快速，大家肯定不会费心于每天都"写日记"。因此，我建议把日记里没必要的流程都省略，只写自己是谁、目标是什么以及怎么实现。这样不会超过2分钟，我想这点时间你还是有的。

翻到日记本新的一页，如图2-3所示，画一道阶梯，想象这是你向着自己目标进发的"登月之旅"。

在阶梯的顶部画一个圈，作为你为某个28天目标制订的"登月计划"，将目标名称写在顶部的圆圈里。

在阶梯底部写上计划完成该目标的日期，就算超过28天也不要在意。因为正如你在"目标活塞"部分所见，你的目标是制订一个计划，将实现目标所需的步骤变成一种下意识的习惯或核心价值观，帮助你习惯性地执行目标步骤。然后转到下一个目标，以此类推。

图 2-3　目标阶梯示意图

每天将目标写下来，你就已经在有意识地与它重新建立连接。写下来这个动作本身就证明了这个目标是有价值的，你会开始有意识地过滤信息，发现自己实现目标所需的人、资源和事物将慢慢出现。吸引定律便是基于这些原则而产生的。

但是，严格意义上来说，这并不是严肃的精准的科学，有些目标可能需要更长的时间才能成为你的核心价值观。例如，对照我自己的经验，戒酒需要28—90天才能成为核心价值观。同理，有些目标则不需要28天就能实现，只是以一年来计算，每个目标平均会在28天内成为下意识的习惯或核心价值观。当然，你可以根据实际情况进行调整。

○ 清晨之问

在画好的目标阶梯上写下这个问题："今天我能做些什么来改善自己的动机过程？"

接下来，回答这个问题。

如果你的目标是每个月存100英镑，那么今天的步骤可能是将开支限定在某个范围内；如果你的目标是写一本小说，那么今天的目标可能是绞尽脑汁写出500个字。

通过每天的清晨之问，你就掌控了整个过程。它会督促你思考该如何确保自己执行实现目标所需的步骤。

这项工作很简单但能量却不可思议的强大，因为它表明你一直都掌控着自己的动机。

○ 晚间之问

一天结束之后，回顾一下自己今天取得的成果，然后用这两个问题结束每日例程：今天我是否（为目标步骤）尽了最大努力？我都做了些什么？

晚间例程的重要之处在于，它比晨间例程更短，但越简单越有效。每天结束时你需要做的就是解答晚间之问，并给自己打分，10分是满分，0分则是完全失败。哦，再说一次，不要打7分。

你会发现这个过程虽然不容易但是很激励人心，晚间例程大约只要60秒就能完成，特别简单。给自己打分会促进你思考，自己是否已尽力去遵循动机计划，而根据得分的情况，可以在第二天的晨间之问时，对整个动机过程进行微调。

同时，你每天也要对照自己的六股积极力量打分，在这个过程中能发现自己日益明显的改善。我在写这本书的时候，目标阶梯示意图如图2-4：

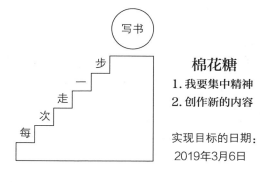

图 2-4　我的目标阶梯示意图

好的开始是成功的一半

请将你的每日例程当作自己的个人动机教练，它会对你的目标负责，就像有个人每天早上叫你起床，晚上又确认你已经上床一样。

我希望你每天早上都这么想，打开日记是在给自己的分子力场充电，而分子力场可以是任何你希望的颜色，还可以是半透明的液体状态。接着想象一下，任何觊觎你动机的人或事物都将被转移，烦人的邮件会被退回，而你的原始大脑想要停留在舒适区的要求将被驳回。

掌控了自己的动机会让你有种强大又平静的感觉。深呼吸，你会感受到自己既放松又敏锐的状态，你很清楚自己是谁、要去哪里以及怎么到达那里。你有能力应对生活施加的任何压力，也能完全集中于实现目标需要采取的每一个步骤。

如果你只能从这本书里学到一点，那么我希望你能通过晨间例程和晚间例程为自己构建一个动机力场，将行动和意愿联系起来，从而改变你的世界。

记住，如果你不为自己制订一个计划，其他的人或事物就会给你一个。

晨间例程和晚间例程创建了一个由责任、行动和动机三个步骤组成的虚拟闭环。如果你不奔着实现目标而采取行动，就不可能坚持完成整个过程，那么只能要么重新考虑并选定一个新的目标，要么以最积极的方式采取行动。

这简直是一个天才的设计。

从现在开始，请每天坚持遵循这些例程。加油！

真正的进步令人匪夷所思

如果你想跳过这个过程，那么请暂停一下。这是因为你害怕了。我第一次尝试将这些想法付诸实践时就有这种感觉，意识到这是很长时间以来，第一次发现自己或许真的能实现目标。但同时我也意识到，这需要我每天都付出努力。

因此，不要用自己做不到做借口。如果你真的想实现这个目标，那么重新回归到你的动机计划中，坚持28天。选择权在你自己手中。

请牢记最后一句话：能否实现目标，选择权在你自己手中。

它跟有没有时间、能力、运气、财力、工作、其他人的帮助等都没有关系。你能否每天坚持做需要完成的工作？如果这个目标是你真正想要实现的，那么坚持每日计划就一定能帮你做到。

○　万一某天错过例程了呢？

意外时有发生，所以总有那么一两天会错过惯例。所以，你需要把旅行、小插曲和错过的日子这些小意外当作你动机学习过程中的一部分，不要逃避，拥抱这些错过的日子，同时把它们当作第二天做得更好的动力。

坚持例程是习惯的养成过程，只有通过不断重复才能实现。只要你坚持的时间够长，它们终将变成你自身的一部分。自此，你会成为一个有始有终的人，永远都在朝着自己的既定目标前进。

在动机大师课的第2天，我会向你展示如何利用现有的触发条件设定目标例程的技巧，同样的技巧也可以用来触发晨间例程和晚间例程。有了坚持例程的勇气并根据需要对计划进行微调，你将更容易成功地实现当前的目标。接着就可以开始下一个，并以此类推。

○ 我没有时间制订计划

你说："但是我没有时间制订计划。"不！你有，每个人都有。如果那个目标对你真的很重要，那么请你每天抽出2分钟。不要用时间做借口，在大师课第三天，我会带着你坐上时间机器，你会发现自己的时间远比想象中要多。

○ 你的目标变得不一样了

无须每次都从零开始设定目标，同一个动机计划将对你的每个目标都有效。要实现下一个目标，你要做的只是每天执行不同的目标任务，当然，写日记和晨间例程、晚间例程的计划是一样的。

一旦例程成为习惯，找到实现自己目标的动机就会变得越来越容易。28天后，你可以选定下一个目标，直接运用现有的动机计划并遵照那些例程执行。

○　**每日动机计划概述**

晨间例程

醒来后，不要使用任何科技产品，把你的"登月计划"写在日记里。回答晨间之问："今天我能做些什么来改善自己的动机过程？"

晚间例程

晚间之问："今天我是否（为目标步骤）尽了最大努力？我都做了些什么？"

六股积极力量

按10分制给自己打分（记住，不能打7分）。

责任闭环

根据晚间之问的答案和六股积极力量的得分情况对计划做出调整，坚持完成日常目标……直到实现你的"登月之旅"。

把握机会

几乎所有的健身教练都会犯同一个错误，那就是让你按照他们的计划进行锻炼。一段时间内来看可能有效，但是课程结束以后呢？通常情况下，所有动力都会随之消失，因为你从头到尾都没有制订自己的计划，所以当你不得不单独训练时，就很容易不知所措。

记住，动机是一种可以习得的技能，不是需要别人给予的东西。你才是它真正的主人。

现在想象一下，你的健身教练已经把我的工作给做了，他鼓励你制订计划并做出调整，当然你们也可以一起做。你会了解那些健身设施如何工作，为什么要进行一定次数的重复，自己举起了多少重量，以及你喜欢的运动类型是什么，等等。这样，就算教练不在场，你也可以自己完成整套训练，这就是我所说的拥有自己的动机计划的必要性。而且我们上面也已经讨论过了，自主性才是长期动机的秘方。

试着把下一个28天想象成一对一时间，你可以根据我绘制的动机大师课框架制订一个属于自己的计划，掌控自己的动机，持之以恒地执行计划直至实现目标。接下来，开始我们的课程。

第三部分

28天动机大师课

3

接下来，28 天的动机大师课将会向你展示，如何通过制订一个属于你自己的特定计划来掌控动机。每天都将循序渐进，将你的目标步骤转化为下意识的习惯或核心价值观并自动运行，以此创造出所需的动机。28 天结束时，你将成功掌控实现目标的动机，并为投入下一个目标做好准备。

第1周

点燃动机的小火苗

你很清楚自己的目标是什么，但是你需要一个计划来激励自己完成每天的目标任务。如果你的目标是健身塑形，每天的任务就是运动，只要坚持，就能拥有目标体形。如果你的目标是学西班牙语，就要每天做词汇练习，坚持下去就能说一口流利的西班牙语。

第一周的课程将助你点燃动机的小火苗，你会在本周制订自己的动机计划，并不假思索地遵照执行。第一周结束时，你会感到自己已经拥有足够的动机坚持完成日常步骤。

开始吧。

第1天：连胜螺旋

成功并非一蹴而就。在热播喜剧《宋飞正传》的联合编剧、喜剧天才杰瑞·宋飞的成功背后，正是一个动机计划让他得以一直保持巅峰状态。

那么他是怎么做到的呢？其实宋飞早已意识到，喜剧的秘诀在于不断写出更好笑的笑话，而唯一的方法就是保持每天写作的习惯[1]。于是他制订了每天写一则新笑话的计划，如果当天做到了就会在日历上打一个大大的红叉。几天后，支持他写作的动力形成，然后他的任务就变简单了：不要打断这种节奏，保持连续胜利的势头。连胜势头持续的天数越多，他就越受激励。

每天专注的练习保持连胜就是帮助他停留在巅峰状态并赚到大钱的秘诀。

谢菲尔德大学、利兹大学和北卡罗来纳大学的研究人员对138项研究进行横向比较，旨在测试过程监控或连胜及其对实现目标的影响[2]。结果显示，那些保持连胜的人更有可能实现减肥、降压和戒烟等目标。无独有偶，宋飞的做法印证了这个结果。

连胜对你同样有效，但是我想为连胜加一个螺旋。

因为每次只要你中途暂停了某项计划，连胜的缺陷就会暴露，你会看到计时器突然归零，因为无法面对重新开始的残忍，你可能会彻底停下来。

螺旋意味着连胜从未停止过，中间那些暂停只是小插曲而已。

比如，假设你的目标是写一本书，接下来28天的每日例程是写250个字，试想你每天完成这些写作后，在日历上画个红叉的感觉，肯定会让你的动机感飙升。但是第21天时突然出现了一个小插曲，这天你一个字也没写，是不是意味着连胜就此结束了呢？

○ 这是一个28天的游戏

暂停只是你整个学习过程中的一个插曲，与其痛苦地让一个小失误破坏了你的动机计划，不如记下这个插曲并重拾信心，继续连胜。"连胜螺旋"法关注的是将28天作为一个时间段来看待，而不是独立的每天。试想你要坚持的是28天，中间只出现一两个插曲，依旧算得上是巨大的胜利，不是吗？

　　当然这并不意味着你可以把这些插曲或失误当作战术休息日。被绊倒了肯定会受挫，但一定要从痛苦中学习然后变得更加强大。理想状态是尽可能获得最长的连胜，但万一失误出现，一定要及时纠错并继续保持连胜。随着时间的推移，连胜纪录会变得越来越长，直至实现零失误。

○ 对不明确的目标进行跟踪监控

　　更重要的是对不明确的目标进行过程跟踪监控。举个例子，假设你的目标是增加与老板的沟通次数，那么目标步骤或许可以是每天与他进行一次积极的交流。完成了这次交流就在日历上打个叉。随着不断取得连胜，动机也会形成。因为有一个物理标记在提醒自己，每天都在取得进步。

　　但是由于这些目标不够明确，我建议你设定一个连胜计数器，将每个目标都纳入连胜计数器考量。当然，同时也要记住螺旋的存在。

第1天结果检查

　　1.清晨之问：今天我能做些什么来改善自己的动机过程？

　　2.晚间之问：今天我是否（为目标步骤）尽了最大努力？我都做了些什么？

实现目标的日期：
年 月 日

图 3-1 目标阶梯示意图

3.是否顺利？

4.给自己的六股积极力量打分。

表 3-1 六股积极力量评分表

睡眠	运动	营养	人际联系	安静时光	思维清晰
1	1	1	1	1	1
2	2	2	2	2	2
3	3	3	3	3	3
4	4	4	4	4	4
5	5	5	5	5	5
6	6	6	6	6	6
7	7	7	7	7	7
8	8	8	8	8	8
9	9	9	9	9	9
10	10	10	10	10	10

第 2 天：设定你的触发器

原始大脑和人类大脑都喜欢习惯，因为它们可以储存宝贵的能量，只要养成某个习惯，原始大脑就会开始自动运行。你的一部分动机任务是在接下来的 28 天把目标步骤转变为一个健康的习惯，而最快、最好的办法就是采用一个现有的习惯作为新习惯的触发器。

前文介绍习惯时，也介绍了查尔斯·杜希格[3]，他提出了"触发器—例程—奖赏—渴望"四种因素构成习惯闭环，把潜意识世界的习惯带入日常生活。

○ 习惯闭环：触发器—例程—奖赏—渴望

触发器：开始一个习惯的信号。

例程：触发器会提示习惯例程的开始。

奖赏：例程结束后会有奖赏。

渴望：当你渴望另一个奖赏时，就会驱动另一个循环。

只要闭环中存在奖赏这个环节，大脑便不会对你的行动产生怀疑，而是坦然接受。

○ 确认触发器

在接下来的几周，你将学到的所有东西都是在帮你形成一个新的健康的习惯，以实施你的目标步骤。

现在，我们开始习惯游戏，释放触发器。

你的触发器可能是一个时间点、一项行动、某件以前发生的事、某个人。生活皆是习惯，例如，回到家先冲澡或先亲吻伴侣。而今天你会学习如何用一个已有的习惯来开始你的日常目标步骤。

目标步骤是为了实现目标而坚持完成的行动，它不是一成不变的。例如，假设你的目标是开始一项新的兼职，那么第一天你可能要研究业务理念，第二天要设计领英（LinkedIn）页面，想要把它变成一个持续的习惯需要投入时间。只有完成足够多的步骤，目标才能实现。

"叫早"闹钟是一个经典的习惯触发器。当你按停它时，就启动了一系列习惯，开始新的一天。因此，此时可以隐藏一个新的目标步骤。

例如，可否把每天早起刷牙作为习惯触发器，激发自己的日记例程，随之触发运动目标步骤，激励你出去跑步，或骑自行车，或做一个快速的HIIT课程？

想想午餐后、下班后或孩子们上床以后的时间，所有这些细微之处的日常例程都是你可以利用的习惯触发器。我建议你找出自己的触发器，快速启动目标步骤。

○ 厚着脸皮挥个拳头

福格是斯坦福大学行为设计实验室的主任，也是一名专攻行为改变学的意见领袖，小习惯可以产生大改变可以算是他数年研究的集大成者[4]。他还发起了一项运动，向人们展示如何基于他创建的微习惯模型来改变自己的生活，即锁定一个习惯的关键因素之一便是进行一次微庆祝。

我认为，每次完成目标步骤都应该庆祝一下，并不是指放鞭炮或开派对庆祝，而是简单地挥个拳头。你也许会想，这样会不会显得太张扬？但不用太在意，每次完成目标步骤都庆祝一下相当于给自己一份奖赏，会给你的大脑发送一个信号，促进它把这个目标深入到潜意识中。

○ 但是我的目标要求我每天不止完成一步

太好了！把这些目标与一系列现有的触发器联系起来。例如，假设你的目标是增加社交媒体曝光率，那么是否可以在做完护肤后发送一条"动态"，或在排队等咖啡时给5条内容写上评论，或在下班回家的通勤路上顺手准备好一条晚间推文呢？过程和采用一个触发器同理。

随着时间的推移，你会将已有的触发器和你的新目标步骤例程相关联，这样你就不用再想"我什么时候该去跑步/写文章/画画呢"，而是跟着触发器的指引，按照既定的目标步骤去执行即可。

○ 切记！

不要即兴去做任何事，反应把你的目标步骤和已有的习惯相关联，发出一个清晰的行动信号。在这些触发器的指引下，它们会为你负责，你的行动才不会偏离。

◇ **案例**

克莱尔成功了！

克莱尔为锲而不舍地寻找新工作这个目标而努力奋斗，但她并没有制订精确的计划，只是每天花30分钟做研究，日子一天天过去了，她的目标步骤却仍然飘忽不定。

因此，我们一起制订了一个计划，她决定不再培养另一个新习惯，而是将自己的午餐时间作为找工作这个目标步骤的触发器。这样，她不用再花一天的时间去找出那任意的半小时，也不用思考，吃着午餐就能执行计划，开启自己的目标步骤。很快她就能持续这个习惯并找到了一份新工作。听起来很容易，但这就是接管现有习惯产生的力量，它们会帮你持续做需要做的事，直到实现目标。

第2天结果检查

1.清晨之问：今天我能做些什么来改善自己的动机过程？

2.晚间之问：今天我是否（为目标步骤）尽了最大努力？我都做了些什么？

实现目标的日期:

年　月　日

图 3-2　目标阶梯示意图

3. 是否顺利?

4. 给自己的六股积极力量打分。

表 3-2　六股积极力量评分表

睡眠	运动	营养	人际联系	安静时光	思维清晰
1	1	1	1	1	1
2	2	2	2	2	2
3	3	3	3	3	3
4	4	4	4	4	4
5	5	5	5	5	5
6	6	6	6	6	6
7	7	7	7	7	7
8	8	8	8	8	8
9	9	9	9	9	9
10	10	10	10	10	10

第 3 天：乘坐时光机器

我和《正念饮酒》一书的作者罗莎蒙德·迪恩做了一期"一年无啤酒"的播客，她举重若轻地说，一个人生活在地球上的时间大约是4000个星期[5]。这句话犹如当头棒喝，让我深感时不我待。我还有那么多想做的事没做，要怎么在剩下的日子里把它们都完成呢？

于是，采访结束后，我马上计算了一下自己剩余的时间，发现只有1872周。恐慌感随之而来。我必须快速实现自己剩余的目标和梦想。但当我越是感觉时间不够用，越想要尽快解决问题时，就发现自己越缺乏动力。

在传统观念里，用时间所剩无几来激励自己似乎就是正确的方法，但最近我才遗憾地发现，这种方法根本不管用。事实上，你永远都有足够的时间去完成任何想做的事，只要你制订好计划并真正坚持下去。

当时间紧迫这个动机火花熄灭之时，我发现了时间的秘密，足以改变一切认知。

○ 穿越时空

在生活中，只要你足够专注，就能实现一切梦想和目标。我们都会发现，退休年龄让人感觉一到60岁就无法再做出贡献了，事实上这种潜在的假设简直就是错误的。

退休思维会带来两个方面的桎梏，任何接近退休年龄的人都倾向于认为，自己已经无法做出任何改变。我还总是听到一些才三四十岁的人抱怨自己因为年龄太大，无法变换一份工作、做一门新的生意或培养新的爱好了，这令我经常感到十分无语。

佛罗里达州立大学心理学教授安德斯·爱立信的研究表明，花10年或10000小时做有目的练习不仅能让你熟能生巧，还有机会成为一名工艺或艺术大师[6]。比尔·盖茨也提供了恰到好处的见解，他说："人们总是高估了未来一到两年的变化，却低估了未来十年的变革。因此不要让自己陷入无所作为的窘境。"[7]

盖茨和爱立信的观点表达了同一个道理：只要开始就永远不晚。如果你能学习以下的思考和行为方式，我敢肯定，就算到了耄耋之年，也能保持活跃的精神和身体。所以啊，千万不要让退休年龄成为你为这个世界做出贡献的限制条件。

让我们忘记退休年龄，从一个全新的视角看待时间这个问题。

现在请拿出你的日记，让我们穿越时空（括号里的数字是我的答案）：

第一步：请写下你的年龄。（44岁）

第二步：你觉得自己最晚到什么年龄依然能做出贡献。（90岁）

第三步：用你预计的贡献年龄减去现在的年龄。（90-44=46年）

算好以后请你告诉我，自己到底还有没有时间做出改变？无论是锻炼身体，找份新工作或是学吉他？

你不但有时间，而且从理论上说或许还能成为某个领域的世界级高手和艺术大师。以我自己为例，我觉得自己能在90岁前成为4个学科的大师，当然如果到90岁身体还硬朗，我相信自己100岁之前恐怕还能掌握点别的技能！

毕竟福雅·辛格 80 多岁从旁遮普搬到伦敦，然后开始跑步，但他在百岁时参加了 2011 年的多伦多马拉松比赛，历时 8 小时跑完全程并获得"头巾旋风"的称号。所以，时间就像海绵里的水，挤挤总是有的。

别再说人生短暂，只要知道如何更好地利用它，你的时间真的足够多。另外，别再把退休作为我们无法继续做出贡献的信号，把它当作一个开始，所以你现在其实刚开始热身。

第3天结果检查

1.清晨之问：今天我能做些什么来改善自己的动机过程？

2.晚间之问：今天我是否（为目标步骤）尽了最大努力？我都做了些什么？

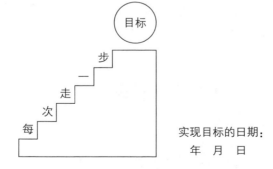

图 3-3　目标阶梯示意图

3.是否顺利?

4.给自己的六股积极力量打分。

表 3-3　六股积极力量评分表

睡眠	运动	营养	人际联系	安静时光	思维清晰
1	1	1	1	1	1
2	2	2	2	2	2
3	3	3	3	3	3
4	4	4	4	4	4
5	5	5	5	5	5
6	6	6	6	6	6
7	7	7	7	7	7
8	8	8	8	8	8
9	9	9	9	9	9
10	10	10	10	10	10

第 4 天：一日之计在于晨

　　晨间目标例程是一种超能力动机，原因有二：一是清晨你的意志力储备池是满的；二是和一天中其他时候相比，想要阻碍一个清晨的目标步骤比较困难。

但如果清晨你实在抽不出时间也没关系，可以晚些时候再说。请记住一点，时间永远比你认为的要多。

16 岁时我离开了学校，去追求成为一名足球运动员的梦想，那时我已经把接受高等教育的想法抛之脑后，但当 30 岁出头的我在伦敦做股票经纪人时，学习的梦想重新浮现。我不停地与别人说自己要用业余时间读书，当然主要是在几杯啤酒下肚以后，大家都会一笑而过，外加再点一轮啤酒。那时候的我被工作、家庭、压力等周而复始地折腾，根本抽不出时间或能量去做这件事，相比读个学位，觉得随遇而安的生活显然更好。

之后有个朋友给我提了个早起的建议，我对此嗤之以鼻，因为不用说清晨，我什么时候都没空。我有家庭、一份超级忙的工作，还有忙碌的社交生活，每天起床都是和闹钟殊死搏斗，于是朋友的建议终究被我束之高阁。

那时的我还没发现动机是一种可以学习的技能，因此我不知道应如何去找到更多时间，如果你也有一样的感觉，我完全理解。但我一直记着朋友的建议，几个月后，我想我或许可以试试早起。随后我就犯了一个低级错误，我以为自己能像一朵雏菊一样，凌晨 5点就精神抖擞，结果却因为几天的睡眠不足直接导致效率低下。

我放弃了。直到两年后读到哈尔·埃尔罗德的畅销书《早起的奇迹》[8]，我才发现一个问题，人是无法打败周公的。如果你需要 7个半小时的睡眠（即 5 个睡眠周期），7 小时肯定就不够。我第一次尝试早起，没有将这一点考虑在内，因此早起就必须早睡，所以前后一合计，我还是没有时间。但是，情况真是这样嘛？

○ 找到那段优质时间

设想自己是个想要充分利用每一秒时间的人，那么有哪些人、事、工作、任务、承诺是你花费了很长时间但收效甚微的？花出去的时间都能为你带来什么回报？

对我来说是看电视。我和妻子塔拉养成了每晚9—11点看连续剧的习惯。我们觉得那时候孩子们都睡了，因此是只属于我俩的优质时间。但事实上，那时的我们都很累了，两个人几乎只是无话可说地熬着时间，了无生趣地盯着电视屏幕。

现在想想，那段时间根本谈不上多优质，熬夜只是我们为了找到作为家长之外，也有自己的生活的那种感觉，但实际上我们却常常因为太疲惫根本没有享受时光，当然更不可能有能量做任何有意义的事。

于是我提出早睡早起的建议，抓住一点清晨的优质时间。效果慢慢显现。我们开始晚上十点就睡，早上五点半起床，然后改为九点半睡五点起，生活发生了天翻地覆的变化。

现在我能在上班和孩子醒来前抽出2小时，而这2个小时就足以改变生活质量。

想想你可以在这段时间做点什么？我把它用来学习，写出了自己的第一本书并联合发起了"一年无啤酒"活动。我知道，并不是每个人都能做到早上5点起床，因此找到属于你的优质时间，坚持实施目标步骤才是关键所在。

你能不能在一天的忙碌开始前，抽出15、30或60分钟来执行自己的目标步骤呢？

○ 像一个动机专业人士那样思考

如果你的梦想是成为心理学家，但是苦于找不到时间学习，那么请你三思而后行。我希望你对照六股积极力量，确保自己在最佳状态下找到所需的时间。如果你减少了酒精摄入，改善了睡眠，饮食健康，做更多运动，就一定能找到不被注意的时间。相信我。

我知道对有些人来说早起是不现实的，那能否抽出午餐后或夜晚的时间呢？如果你习惯熬夜，可以把目标步骤安排在生活节奏慢下来的夜晚，找到那个优质时间。记住古罗马哲学家塞涅卡的箴言，"并非时间太少，实是指缝太宽"[9]。

第 4 天结果检查

1.清晨之问：今天我能做些什么来改善自己的动机过程？

2.晚间之问：今天我是否（为目标步骤）尽了最大努力？我都做了些什么？

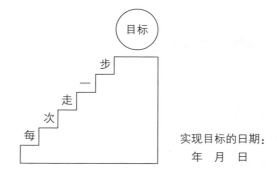

目标

步

一

走

次

每

实现目标的日期：

年　月　日

图 3-4　目标阶梯示意图

3.是否顺利?

4.给自己的六股积极力量打分。

表 3-4 六股积极力量评分表

睡眠	运动	营养	人际联系	安静时光	思维清晰
1	1	1	1	1	1
2	2	2	2	2	2
3	3	3	3	3	3
4	4	4	4	4	4
5	5	5	5	5	5
6	6	6	6	6	6
7	7	7	7	7	7
8	8	8	8	8	8
9	9	9	9	9	9
10	10	10	10	10	10

第 5 天：我思故我在

闲话少叙，我们直奔主题——开始练习。找个安静的地方，打开你的日记。

现在请跟着我，进入一个温和的想象空间。

想象几年后的自己，读了这本书也掌控了动机，实现了自己的目标并开始享受生活。在一次旅途中，你遇到了一个老朋友，聊天时他一个劲儿夸你状态很好，对你取得的成绩赞叹不已，抱怨自己生活艰辛。

他好像白天都没有足够的时间，生活充满了压力，家庭、工作不断地重复，迷失在找寻目标和意义的路上。突然，他发现自己该去赶火车了，匆匆离开之前，他让你"帮帮忙，给我参谋参谋，我这日子该怎么过才好呢"？

他的问题或许会让你感到为难，但你既不能一言不发，也不能随口瞎说，你的建议和指导必须是来自自己内心深处的价值观和智慧。另外，记住他要马上去赶火车，因此，你要非常迅速地总结出一些想法。

如果只有 60 秒的时间去回答他的问题，你能总结出什么想法？不用想太多，把想法都写在纸上。

写完以后，继续往下读。

这个想象空间可以让你找出生活中重要的事，由于时间紧迫，你无法思虑过度。

而那些电光火石间闪现的往往就是对你来说最珍贵的。

现在，我希望你问问自己：你的生活是否遵循了刚才送给朋友的那些智慧呢？

因为如果你愿意给别人一些不错的建议，那么你理所当然也是遵循它们的。想象空间的真正作用是帮助你了解自己内心最重要的东西。

这项练习的巧妙之处在于，事实上你并不是给别人提出建议，而是给你自己。

现在我希望你接受这些建议并把它们作为自己的真我宣言。它或许能长达一页纸，或许只是一段话或一句话，但无论如何，请你现在就写下来。准备好以后，请接着往下读。

这项练习对于点燃动机至关重要。因为当你的目标与真我宣言相联系，其实就是搞清楚了自己到底是谁，你将拥有持续动机，变得势不可挡。被生活和压力推着团团转，让我们忘记了自我，与真正的自我意识失去了联系，真我宣言恰恰有助于将目标任务与自我重新连接。

现在的你已经不一样了，因为你夺回了自己的控制权。我希望你从今天开始，每天都与自己的真我重新连接。

◇ **案例**

以下是学员中几个真我宣言相关的案例，无关对错，关键是每天与真我相连接。

睿

善待自己和别人。

珍视自己和亲朋好友，维护好与爱人的关系，保护地球及其资源，爱惜自己的成就和拥有的一切。任何你珍视的东西都不是白来的，所以不要随意丢弃或浪费。

不要让别人控制你的价值观，它们只能属于你。

自己动手，坚持锻炼，像随时会失声一样用心歌唱。

对他人常怀共情之心。用心倾听、为别人喝彩。

照顾好自己。

学习利用自己的恐惧和焦虑，它们可以摧毁你，但也能拯救你。

最重要的是，去旅行、聆听和交谈，去爱。

艾玛

善待别人、动物和植物以及这个地球，最重要的是善待自己。

与爱人、朋友和志同道合的人联系，不要总是一个人待着。

走出去，和亲朋好友联系，去旅行、经历、享受，感受惊喜。

对新鲜事物永远敞开怀抱——观点、经历、地方、人、气味，接受人间百态。

不要浪费时间在生气、嫉妒或后悔上，做一些让自己高兴的事并从中汲取快乐。

拥抱真实的自己，不管自己是谁或怎么样，做自己。

保持微笑。

安迪（正是我。我每天都会写下真我宣言）

做个英雄。

做个领导者。

常怀感恩。

宅心仁厚。

慷慨大方。

感受到爱与被爱。

当个运动员。

感受恐惧并爱之。

○ **精益求精**

如果你已经注意到了自己的真我宣言但尚未与之连接，那么请把它作为你未来目标的养料。

例如，你可能写下了"环游世界"，但旅行并不在你当下视线范围内。这个想法或许听起来很不错但你并未积极实施，这时请问问自己，这真的是我想专注的事吗？如果是，利用你的动机，多去旅行；如果不是，也许你该考虑是否将其从真我宣言中剔除。因为你可能会发现，你想去环游世界只是因为大家都想。但请一定扪心自问，你真正想要的到底是什么。

同样，如果有一些你确实特别渴望实现的东西，例如"展示出更多的勇气"，把它们加入自己的真我宣言，并开始为之努力。

最后，把你的宣言放置在每天都可以看见的地方，比如写在日记的扉页，或写个便利贴贴在电脑上，或写在厨房的小黑板上，或裱个框挂在卧室的墙上，等等。以上各种方式我都见过，但是无论如何，一定要放在自己每天都能看见的地方。

今天这堂课的目标是将你与以下几个问题重新连接起来，即，你到底是谁、要去哪里以及最重要的是如何到达。

第5天结果检查

1.清晨之问：今天我能做些什么来改善自己的动机过程？

2.晚间之问：今天我是否（为目标步骤）尽了最大努力？我都做了些什么？

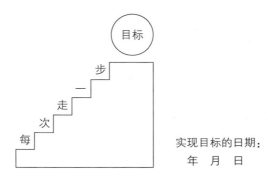

实现目标的日期:
年　月　日

图3-5　目标阶梯示意图

3. 是否顺利?

4. 给自己的六股积极力量打分。

表3-5　六股积极力量评分表

睡眠	运动	营养	人际联系	安静时光	思维清晰
1	1	1	1	1	1
2	2	2	2	2	2
3	3	3	3	3	3
4	4	4	4	4	4
5	5	5	5	5	5
6	6	6	6	6	6
7	7	7	7	7	7
8	8	8	8	8	8
9	9	9	9	9	9
10	10	10	10	10	10

第6天：打造你的梦想船队

动机大师吉姆·荣恩有一句名言，"接触最多的5个人的平均水平就是你"[10]。我同意他的观点，但我认为，对你的动机造成影响的不止这5个朋友，还有他们的朋友，以及他们的朋友的朋友。

网络研究员尼古拉斯·克里斯塔奇斯揭示了社交网络对人类行为的影响[11]，由此被《时代》杂志评为"2009年全球百位最具影响力人物"。克里斯塔奇斯和他的团队发现，肥胖正惊人地像瘟疫一样在美国扩散。肥胖率上升是显而易见的，但他想知道肥胖是否也可以人传人？碰巧的是，他从一项心脏病研究中获得了自己所需的数据。

美国著名的弗莱明汉心脏研究收集了1948至2000年上千名马萨诸塞州弗莱明汉人的数据，从体重、情绪、习惯到最重要的人际联系，不一而足。克里斯塔奇斯和他的团队历经多年对这些数据进行合并研究，建立了一个人和他的家人、朋友以及朋友的朋友等形成的人际网络，最终确定人类的行动会在这个网络中相互传播。事实上，这项发现合乎常理。

但习惯和感情传播的范围才是出乎他意料的：假设你的朋友长胖了，你长胖的可能性就会上升45个百分点。

更让人崩溃的是，即使是你朋友的朋友体重超标，你变胖的可能性仍然会增长25个百分点。

不仅如此，如果你朋友的朋友的朋友变胖，你变胖的可能性将会增长10个百分点。这可足够骇人听闻了吧？！

○ **切记!**

因此，如果你自己不制订一个计划，你的朋友、他们的朋友以及他们朋友的朋友，就会给你一个。

○ **如何打造你的梦想船队**

生活中总有人会支持或反对你的梦想。克里斯塔奇斯的研究显示，上述两者都会对你的动机产生影响。我在这个基础上更进一步，你读的书、听的播客、看的电视剧或刷的视频都会阻滞或激励你，所以你应该打造一支会为你鼓劲、给你启发的梦想船队。

○ **第一步：花更多时间和"啦啦队员"在一起**

仔细思考你所有接触的人，并把他纳入自己的动机计划。你很清楚哪些局外人会激励你而哪些不会，因此，在选择别人与你同行时要有战略思维，或许还能把可以激励你的人作为提升积极力量中"人际联系"的得分机会，从而产生双赢的效果。

你的原始大脑乐意与那些支持你的人接触。当我们还在大草原漫游时，团队生活是一种强烈的本能冲动[12]，因为彼时的人被逐出部落将意味着死亡，这也是我们现在会轻易屈服于社会压力的原因。部落可以成为神奇的激励工具，这方面你将在课程的第13天了解更多。

现在，我希望你拿出日记，画下图3–6这艘船：

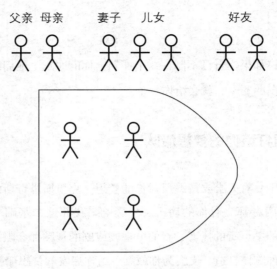

图 3-6 你的"拉拉队员"之船

现在，列出清单，包含所有你希望能为你鼓劲的人，他们可能是个小团体，有你的家人和好友。

这个做法将对你的动机提供两方面的帮助：一是你将确切地了解你的支持团队有哪些人以及谁的想法对你更重要；二是正如克里斯塔奇斯展示的那样，来自支持团队的共鸣将影响你的动机。

○ **第二步：组建你的梦想船队**

假设你可以让这个世界上的任何人加入你的船队，无论是在身边的人，还是出现在过去的人，你会选择谁？想想那些已经实现你正为之奋斗的梦想的人，能否找到他们的传记、TED 演讲视频或博客文章，用他们的智慧为你护航，让你的梦想之船行稳、行远？

再想想那些具有启发性的人物或教练，如果他们加入自己的船队能为你提供什么帮助？你能从他们身上学到什么呢？

你也可以确保船上有个和你一样的平凡英雄，他已经实现了你现在正努力完成的目标，可以是你的朋友、家人、同事或老板，找到这个人，向他学习，让他也加入你的梦想之船，如图 3-7。

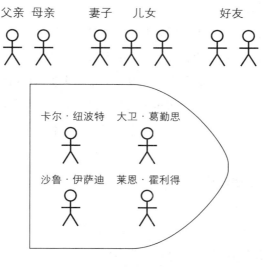

图 3-7　我的梦想船队

上图是我为了写这本书而组建的梦想船队[13]。

我的梦想船队包括作家、影响者和伟大的动机大师：

卡尔·纽波特，他的深度工作理念帮助我找到了专注于研究和写作的时间。

大卫·葛勤思，阅读和聆听他的作品让我充满动机。

沙鲁·伊萨迪，我的好朋友，不时好心地提醒我，让我保持学习和进步的空间。

莱恩·霍利得，我向莱恩学习写作，他关于写作的书《长青之作》简直是字字珠玑。

○ 下一步呢?

当你拥有了自己的"啦啦队员"和梦想船队后，要用尽可能多的时间和他们待在一起，从他们身上汲取一切可以获得的正能量。

最后，当我们从人际关系中受益，反过来也可以影响最亲近的人。也就是说，我们的动机也可以对自己爱的人产生激励作用。当你意识到这一点，难道不觉得振奋，同时产生更大的动力吗?

第6天结果检查

1.清晨之问：今天我能做些什么来改善自己的动机过程?

2.晚间之问：今天我是否（为目标步骤）尽了最大努力? 我都做了些什么?

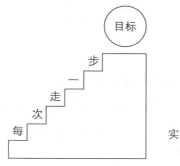

实现目标的日期：

年　月　日

图 3-8　目标阶梯示意图

3. 是否顺利？

4. 给自己的六股积极力量打分。

表 3-6　六股积极力量评分表

睡眠	运动	营养	人际联系	安静时光	思维清晰
1	1	1	1	1	1
2	2	2	2	2	2
3	3	3	3	3	3
4	4	4	4	4	4
5	5	5	5	5	5
6	6	6	6	6	6
7	7	7	7	7	7
8	8	8	8	8	8
9	9	9	9	9	9
10	10	10	10	10	10

第 7 天：给成功下一个新定义

当你开始踏上动机之旅，期待自己完美收官是再自然不过的事。但生活并不完美，而错误无处不在。重新定义你在探索过程中获得的成功，或许可以激发你的动机，让你保持最佳状态直到实现自己的目标。

传统的完美心态不允许我们犯错，因为原始大脑会将挫折或缺乏进步视为自己选择放弃的原因，而重新定义成功将在你跌倒的同时，为你创造出进步的空间。

○ 试试百分比进步法

例如，不要把摄入垃圾食品视为一场不是零就是一百的竞赛，可以试着给自己设定一个减量百分比。

设定减量百分比可以为你的无心之失留出空间。假设你的目标是摄入营养的食物，原本你每天都会吃垃圾食品，但在28天的课程中只破戒了2次，那就意味着你的垃圾食品减量比率高达93%。

这难道不是一个巨大的胜利吗？原始大脑会喜欢这种感觉，因此会为你提供继续保持下去甚至比这更强的动机，这样，就为下一个28天突破零失误提供了可能。

你也可以为任何目标重新定义成功。例如，当你为讨价还价买一件T恤而感到郁闷时，将它与你的省钱计划连接起来，承认还价所产生的省钱比率。当然，也不要忘了我们在第1天讲的连胜螺旋，它会帮你测算自己到底提高了多少。

假如你想写一本书，但是最近有几天没动笔，重新捡起来并保持到月底，然后与上个月的写作情况进行比较，看看增加的比率是多少。

不要再纠结于完美。将任何失误都看作一个单独事件，没必要让一次不小心影响整体目标，但要从中吸取教训。你会在课程的第12天发现，失败将融入改变的过程，它存在的意义并不是让我们放弃，而是提醒我们下次如何做到更好。

第7天结果检查

1.清晨之问：今天我能做些什么来改善自己的动机过程？

2.晚间之问：今天我是否（为目标步骤）尽了最大努力？我都做了些什么？

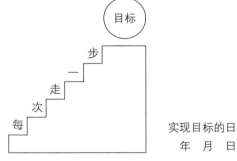

图 3-9　目标阶梯示意图

3. 是否顺利?

4. 给自己的六股积极力量打分。

表 3-7 六股积极力量评分表

睡眠	运动	营养	人际联系	安静时光	思维清晰
1	1	1	1	1	1
2	2	2	2	2	2
3	3	3	3	3	3
4	4	4	4	4	4
5	5	5	5	5	5
6	6	6	6	6	6
7	7	7	7	7	7
8	8	8	8	8	8
9	9	9	9	9	9
10	10	10	10	10	10

本周学习盘点

第1天

连胜螺旋:跟踪你的每日例程,若某天发生了失误,从中学习并保持前进。

第2天

设定你的触发器：利用自己现有的习惯激发新的目标步骤。

第3天

乘坐时光机器：记住，你有足够的时间，现在的你才刚开始热身。

第4天

一日之计在于晨：在世界醒来之前，抓住更多时间。

第5天

我思故我在：与你的真我相连接，解锁动机。

第6天

打造你的梦想船队：创建你的"啦啦队员"小组和梦想船队，从他们身上汲取额外的启发和动机。

第7天

给成功下一个新定义：你不需要完美，但要保持学习和成长。

检查你的成果

希望你能感受到动机的力量正在自己的周身运转，整个过程的关键在于你理解了我介绍的这个理论框架并为己所用。不要让任何人告诉你没有实现梦想的动机，包括你自己。本书大部分时间都在致力于消除那些诸如"我没有足够的时间""我做不到是因为我不够好或不够聪明"，以及"我没有动机"这样老生常谈的借口，只有这些借口消失，你才能发现真我，勇往直前，实现目标。

　　我知道，当你意识到只有自己能为梦想负责这一点，你会感觉很可怕，因为它让你无法逃避。但是生活的奇迹在于，它能让你最大限度地掌控自己的命运。用好例程并担起责任，把事情做成。我希望你能为了自己而读完这本书，好好感受这28天的过程。读完后，用心思考我们在第3天做的时光机器练习，并记住你有足够的时间，现在的你才刚开始热身。

第2周

克服阻力

并不是每个人都会支持你的目标，但是你应该知道最危险的敌人往往是自己内心深处那个叫嚣着"我不行"的自己。

事实上，你行的。

本周我们将正面对抗各种形式的阻力，每天你都要抵抗那些试图吸引你注意力的人或事，并找到自己的支持者。学习善待自己，告诉内心的破坏者，你才是自己的老板。训练你内在的啦啦队员，找到一个会为你鼓劲的部落。享受失败也是其中重要的一课，它会助你从谷底回到巅峰，给你实现目标的能量。

现在就开始。

第 8 天：善待自己

拖延和不作为会诱使我们生出罪恶感，于是我们会用传统的动机方式敲打自己，譬如，"你怎么这么懒""你怎么会一点儿动机都没有呢"或"其他人为什么都能做到"。当罪恶感大到一定程度，或许可以鞭策自己进步。

过去这种方法也许可以在短期内产生效果，但当罪恶感和羞耻感逐渐加重，最终我们只会选择逃避，而逃避痛苦最好的办法就是放弃目标，缩回自己的舒适区，在那里我们可以选择不作为，当然也毫无失败可言。

毋庸置疑，这种所谓的动机智慧是错误的，只有善意和同情才是动机的最佳养料。

○ 善意为何有效

《善待自己》一书的作者沙鲁·伊萨迪在与自己的身体进行了长达10年的斗争后，终于成功减重51千克⁽¹⁴⁾！多么不可思议！

个中原因是她终于摒弃了罪恶感，在自我同情中发现了持久的动机。我和她在一次书籍发布会上见面并成了好朋友，当我问她是怎么改变自己的身体和生活的，她做了很美的总结陈词："自我同情和善待自己给了我机会，让我不再躲避自己的目标，开始采取行动。"

让我们先停下来思考一下。其实沙鲁和你我一样，并不是生来就具有钢铁般的意志力，她不完美，她所做的只是努力地掌控自己的动机，最后却极大程度地改善了自己的生活。

她的故事告诉我们，以自我同情的态度对待生活，就会感念自己终究只是一个人，是人就难免会产生拖延，也会有不作为或犯错误的时候。而有些人会更成功的关键就在于，他们把自我同情加入自己的计划中。

那么为何自我同情会有用呢？加拿大渥太华卡尔顿大学有一项杰出的研究，记录了学生每个学期的拖延频率，研究团队还跟踪了学生为了激励自己不拖延用了什么办法[15]。他们发现，那些使用传统的罪恶感和斥责自己不好好学习的人，在考试中拖延的可能性更大，对自己敲打得越狠就越有可能拖延。由此我们可以得出结论，罪恶感会让我们产生躲避和不作为的结果，从而错失学习的机会，犯更多错误；而把不作为或失败归咎于自身则让学生们更好地学习与调整，为接下来的考试做好准备。换句话说，是自我同情激励了学生学习，而非罪恶感。

此外，如果你同情自己，而不是用言语打击自己，你会感到更加快乐。这并不意味着你是软弱的，也不是说你缺乏责任感，事实上自我同情才是一种勇敢之举，因为你强大到可以勇敢地选择"我的人生我做主"，并为持续的动机创建理想的环境。记住，人生而不完美，你只是一个真正的人。如此而已。

○ 用5分钟释放你的自我同情

仁爱冥想（Loving Kindness Meditation，LKM）不只是一个松散的练习，它是一条通往自我同情的不可思议之路。我还想提醒你，冥想过程完成后，你会感受到同情和善意，或许还会不由自主地想要拥抱今天见到的每一个人，无论对方是快递员还是那个在超市里插队的"坏蛋"。

你不用费心去了解关于冥想的任何事，也不用盘腿端坐在云朵里，只需简单地按以下步骤照做即可。

第一步：找一个安静的、让自己感到舒服的地方。

定好5分钟的闹钟，缓缓闭上眼睛，做3次深呼吸。

第二步：集中注意力去想一个你爱的人。

坐定以后，吸气时非常缓慢地说一句，呼气时说下一句，不断在脑海里重复以下话语：

吸气：祝某某幸福。

呼气：祝某某健康。

吸气：祝某某被爱包围。

我建议可以从你最亲密的人开始，然后扩展到其他亲近的家人和朋友。当他们的名字在你脑海里盘旋的同时，想象他们的样子，用爱和同情填满你的脑海和心灵。

第三步：扩大范围。

现在扩大范围，包含你所有的朋友、家族成员、同事和其他任何相关的人。重复第二步。

吸气：祝我所有的朋友幸福。

呼气：祝我所有的朋友健康。

吸气：祝我所有的朋友都被爱包围。

第四步：把自己加进去。

有些人可能会发现这一步最难，但这正是能量所在。你现在已经被爱包围。

吸气：愿我幸福。

呼气：愿我健康。

吸气：愿我被爱包围。

第五步：这次，带上全世界。

这是我在整个冥想过程中最喜欢的部分。因为一旦成功，你就相当于把整个地区、城市、国家甚至全世界都加入到了自己的生命中，从而创造了善意和同情的顶点。现在感受爱正冲破你的胸膛，遍布地球的每个角落。让自己在这些情感中沉淀一会儿，然后慢慢抽离、回归。

第六步：当你做好准备时，慢慢地睁开眼睛。

绽放一个大大的微笑，感觉自己充满善意和同情，正沉浸在爱意当中。不妨留意一下今天给你送快递的小哥吧。

第8天结果检查

1.清晨之问：今天我能做些什么来改善自己的动机过程？

2.晚间之问：今天我是否（为目标步骤）尽了最大努力？我都做了些什么？

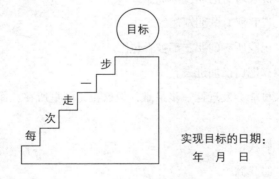

图 3-10 目标阶梯示意图

3. 是否顺利?

4. 给自己的六股积极力量打分。

表 3-8　六股积极力量评分表

睡眠	运动	营养	人际联系	安静时光	思维清晰
1	1	1	1	1	1
2	2	2	2	2	2
3	3	3	3	3	3
4	4	4	4	4	4
5	5	5	5	5	5
6	6	6	6	6	6
7	7	7	7	7	7
8	8	8	8	8	8
9	9	9	9	9	9
10	10	10	10	10	10

第 9 天: 与破坏者告别

当你的大脑被某件你想要却又不是那么想要的东西所折磨，潜意识的破坏者就会出现。

潜意识破坏者盘踞在你的大脑中，会让你对目标产生矛盾的心理，此时你会需要意志力去克服它。但我们知道光靠意志力去推动自己实现目标并不管用，因此，如果放任不管，潜意识破坏者就会让你持续犯错。

潜意识破坏者会在任何目标中出现，比如：

我讨厌宿醉，但是我爱喝酒；

我知道健康饮食的好处，但仍然更愿意吃土耳其烤肉；

出去跑步肯定会让我感觉良好，但是瘫坐在沙发上实在太舒服了；

我想平和地结束婚姻，却禁不住想冲另一半大吼。

○ 矛盾心理的跷跷板

你的任务是通过摒除矛盾心理，将潜意识破坏者踢回它的老家，具体来说有两个办法：一是想想实现目标会带来的好处，让目标的积极意义去主宰，淹没矛盾心理。这种方法可能不一定会让矛盾心理消失，但积极意义会在较量中取胜。

二是通过证明不坚持目标的积极意义只会产生消极影响，摧毁潜意识破坏者的能量。例如，冲你的另一半吼只会让你感觉更糟糕，而对你实现离婚的目标并不会产生积极作用。

尝试一下跷跷板练习吧，告别潜意识破坏者。

第一步：让跷跷板保持平衡。

在你的日记里画一个跷跷板，左边写上实现目标的积极因素，右边写上预计不执行目标步骤的积极因素。

玛丽的目标是晋升，下图3-11是她的矛盾心理跷跷板：

晋升的积极因素　　　　　　　　　**不晋升的积极因素**

薪水更高　　　　　　　　　　　　　不必参加无尽的会议
假期更多　　　　　　　　　需要管理的人和操心的事少些
额外的责任　　　　　　　　　　　　　不必向麦克报告
可能是通往领导岗位的敲门砖　　　现在过得很舒服，为什么要折腾

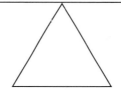

图 3-11　玛丽的矛盾心理跷跷板

第二步：添加积极因素。

花几分钟时间，在矛盾心理跷跷板左侧添加一些积极因素，尽可能把你能想到的好处都写上。尽量不断增加左侧清单的内容，让它超过右边的清单，见图 3-12。

第三步：摒除矛盾心理。

这项练习的重点是建立积极因素清单，但其中真正的能量蕴含在挑战跷跷板右侧，摒除矛盾心理。首先要问问自己，你预计不实践目标步骤的积极因素是什么？肯定要有一些可预计的好处吸引你，然后你需要去挑战这些想法。

玛丽努力克服自己的每一处矛盾心理，直到它们失去吸引力。例如，她讨厌开会，如果不晋升就不必参加无尽的会议，矛盾心理由此产生。为了将之打破，我鼓励玛丽与一位该级职位的同事先聊一聊，于是，她发现晋升后可能需要她参加更多的会议，但自己所

在的位置却可以控制会议的时长，这样"参加无尽的会议"这种说法就是夸大其词了。事实上，她将处于控制地位也是晋升的积极因素，于是上述的矛盾心理不复存在。

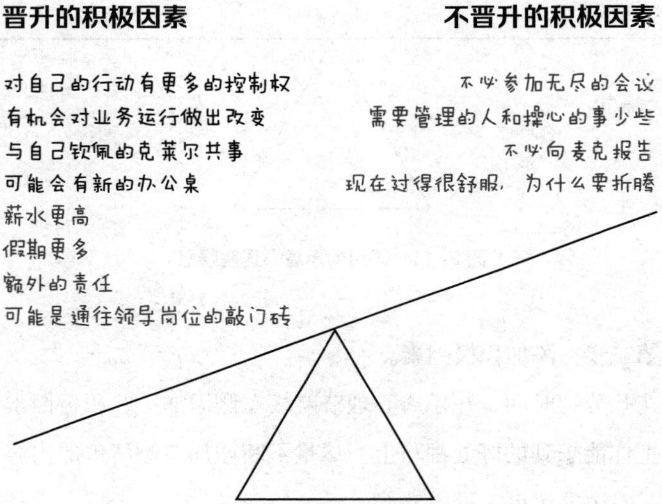

晋升的积极因素　　　　　　　　**不晋升的积极因素**

对自己的行动有更多的控制权　　　　　　不必参加无尽的会议
有机会对业务运行做出改变　　　需要管理的人和操心的事少些
与自己钦佩的克莱尔共事　　　　　　　　不必向麦克报告
可能会有新的办公桌　　　　现在过得很舒服，为什么要折腾
薪水更高
假期更多
额外的责任
可能是通往领导岗位的敲门砖

图 3-12　在矛盾心理跷跷板添加积极因素后的状态

接着，她可以转到下一处矛盾心理，并以同样的方式处理。例如，经过思考，她发现"现在过得很舒服，为什么要折腾"这个想法只是原始大脑试图让她停留在舒适区，她需要鼓励自己冷静地接受晋升会让自己离开舒适区这个事实，同时让自己相信，发展、学习和最终的快乐都在自己即将进入的成长区，于是上述矛盾心理也被解开。

每天检查目标实现情况和目标步骤执行情况可以帮你发现潜意识破坏者，意识到矛盾心理只是你的原始大脑用来维持现状的手段，并帮助你找到克服它们的方法。

第9天结果检查

1.清晨之问：今天我能做些什么来改善自己的动机过程？

2.晚间之问：今天我是否（为目标步骤）尽了最大努力？我都做了些什么？

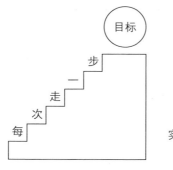

图3-13 目标阶梯示意图

3.是否顺利？

4.给自己的六股积极力量打分。

表3-9 六股积极力量评分表

睡眠	运动	营养	人际联系	安静时光	思维清晰
1	1	1	1	1	1
2	2	2	2	2	2
3	3	3	3	3	3
4	4	4	4	4	4
5	5	5	5	5	5
6	6	6	6	6	6
7	7	7	7	7	7
8	8	8	8	8	8
9	9	9	9	9	9
10	10	10	10	10	10

第 10 天：走进自然

2000多年前的罗马贵族凯尔苏斯编纂了一部百科全书，其中一章为《医术》，被认为是罗马医学的翘楚[16]。其中说到，在自然中行走、沐浴自然光和靠近水源皆是有效的疗愈方式，可以有效改善心理健康和睡眠。

20世纪初，自然静修被认为是日益复杂化的工业社会的一剂补药。但是随着时间的推进，自然作为疗愈方式逐渐失去了科学的支持，慢慢从传统医学变成伪科学，这种情况一直到日本的一项推广运动的提出才开始改善。

1982年，日本林业厅前任长官秋山智英提出了一项名为"森林浴"的计划，鼓励社会大众回归自然。该计划的初衷是让日本人享受绿色空间给人类带来的本能乐趣，如平和、敬畏与幸福，最终却启发了大量的科学研究。

这些基于自然的科学研究发现，"森林浴"可以缓解心理压力和抑郁，改善睡眠，提升认知能力，最重要的是可以增强活力、能量和动机，从而验证了凯尔苏斯及传统治愈疗法的理念[17]。

○　走进自然，为你的动机加油

走出去拥抱大自然是缓解压力的最佳方法，找到一段安静的时光、善待自己，解锁新层次的动机。

即使已在伦敦工作数年，我却依然不知道伦敦有多少公园和绿地，忙于那些所谓"重要的事"让我不断错过这些绿色动机。直到我意识到自然绿色和慢下来的力量，才开始注意并惊讶地发现，伦敦市市区竟然有47%的绿地覆盖率，还有800万棵树，是世界上最大的森林城市之一[18]。因此，我想说无论在哪里，你肯定都能找到5—10分钟的绿色时间，并将之用于充沛动机能量，助你实现梦想。

○　绿色动机大起底

如果你没时间走出去享受森林浴，那么放慢节奏，找一扇能看到自然景观的窗，沐浴在阳光里。脑成像原理表明，即使只是翻看大自然的图片也能激活大脑中与快乐和积极情绪相关的区域[19]。

还有一种双赢的办法，就是将你的运动例程转向户外。想想你是否可以不在跑步机上，而是去公园跑5公里？研究表明，同样是走1小时路，相比城市里，到大自然中走不仅能改善人的精神面貌，认知能力也会增强[20]。

家居绿植也是微动力源。有一些伟大的科学研究表明，绿植不仅能缓解焦虑，降低血压，减少疼痛感，还能催生积极的想法，提升能量[21]。

人类的生活在过去70多年里发生了翻天覆地的变化。尽管日常生活中已不再被自然绿色环绕，但是我非常感恩，身边还有绿地存在。因此，动用一点小小的创造力，快速解锁你的每日自然动机能量吧。

○ 淋个 "绿色浴"

这项练习将对你的动机和健康产生巨大影响，你需要做的只是找到一块绿地，走进其中：午餐时间走进自然是一个很好的选择。

你能否找到一个被绿色包围的小公园或只是一棵树，或许正好有一张椅子？或者办公室附近有一片草坪或屋顶花园？要么只是简单地坐在自家的花园里，喝杯茶？

今天，利用午餐时间在周围转转，找一片属于你自己的绿洲。

当你开始拥抱自然，就会有越来越多走进绿色的机会。

只要确定了属于你的那片绿地，每天要做的就是在那里静坐或慢走5分钟以上。

关掉电话—深呼吸—放慢脚步—微笑—放松。

就这么简单。

完成"绿色浴"后，让你过度兴奋的大脑短暂地休息一下，这时你会发现自己异常放松，同时精力充沛，动机满满。

第10结果检查

1.清晨之问：今天我能做些什么来改善自己的动机过程？

2.晚间之问：今天我是否（为目标步骤）尽了最大努力？我都做了些什么？

目标

步

一

走

次

每

实现目标的日期：
年　月　日

图3-14　目标阶梯示意图

3.是否顺利？

4.给自己的六股积极力量打分。

表 3-10 六股积极力量评分表

睡眠	运动	营养	人际联系	安静时光	思维清晰
1	1	1	1	1	1
2	2	2	2	2	2
3	3	3	3	3	3
4	4	4	4	4	4
5	5	5	5	5	5
6	6	6	6	6	6
7	7	7	7	7	7
8	8	8	8	8	8
9	9	9	9	9	9
10	10	10	10	10	10

第 11 天：
让你内心的"啦啦队员"火起来

天才精神病学家史蒂夫·彼得斯博士为许多精英运动员提供咨询。他在著作《黑猩猩悖论》中提出，你的原始大脑可以是你最大的批评家，也可以是最忠实的粉丝[22]。

我完全同意。

实现目标最大的障碍并非能力、时间或智商，而是来自内心深处的消极声音。彼得斯博士也提出了类似的观点，当你内心深处最原始的声音与你的目标一致，它就会成为你最重要的支持者。

因此，今天给你的任务是清除你的消极声音。请按以下 4 个步骤执行，让内心的声音为你鼓劲而不是拖后腿。

第一步：找出拖后腿的消极因素。

在今天剩余的时间里，我希望你听听原始大脑的声音，并把它们写在日记里。

原始大脑惯用情绪化的语言，而且通常是批评性的。

例如：太懒了。没时间。这么做到底图什么呢？总是放弃！把这些消极的声音从大脑里读取出来并写到纸上会让你立刻做出改变，你会开始注意到，自己内心大多数声音其实完全是一派胡言。

只要找到几个消极声音拖你后腿的例子，你的目标就应该是想办法把它们变成自己的"啦啦队员"。

第二步：巧妙地筛除消极因素的影响。

正念技巧让你有能力过滤自己的想法，但不用对每个想法都追根溯源。这个过程揭示了正念的秘密，即你并不像自己大脑里认定的那样，大部分内心的声音都在胡说，不必在意每一个闪过的想法。现在，想象你的想法们就像在河里行船，正念会帮助你，就像静静地坐在河岸边阅尽千帆，不要尝试着去分析每一艘船，让它们顺流而下。

正念可以充当你的动机漏斗，帮助你远离消极声音。建议复习一下冥想。

第三步：挑战内心的批评声音。

但遗憾的是，生活并不都是有禅意的。无论你有多少正念，很多时候都会困在消极的声音中不可自拔。当这一切发生时，记得装好下一个漏斗，挑战内心的批评声音。

我们总是错误地认为内心的声音就是事实，从而成为实现目标的阻碍。我希望你挑战第一步里记下的消极因素，并对每一个消极声音都提出反驳。

例如：总是放弃。

反驳：你是否有过那么一次没"放弃"的？这里的诀窍是你要列出尽可能多的例子，反驳"总是放弃"这个说法的完全不正确性，证明它只是噪声而已。

再如，去年决定每天跑10千米时，我没放弃；伴侣离开后，我没有放弃自己抚养孩子；我没放弃工作上的晋升。

要针对每一个消极说法进行这项反驳练习，可以当作是在为一位朋友辩护。看看你能想到多少条论据来反证每一个消极声音。

第四步：创建一条新的正向说法。

随着消极因素行将瓦解，你的最终目标就是将之转变为激励自己的"啦啦队员"，最好的方法便是赋予它一个全新的正向的故事。

继续用上述"总是放弃"为例。

把消极声音转变为正向的语言："过去好多次，甚至是在快要放弃的时候，我都坚持下来了。再难我也会继续坚持并尽最大努力。"

一开始可能会有些不那么熟练，但是随着时间流逝，这四个步骤会以光速在你的脑海里发生。那时，任何消极因素都会经过第二步的正念过滤，在第三步经历反驳挑战，随后在第四步转变成积极因素。

更重要的是，它会逐渐地在你的潜意识层面发生，此前郑些消极可怕的想法会被正向的取代，其能量之强大根本无须赘言。

第11天结果检查

1.清晨之问：今天我能做些什么来改善自己的动机过程？

2.晚间之问：今天我是否（为目标步骤）尽了最大努力？我都做了些什么？

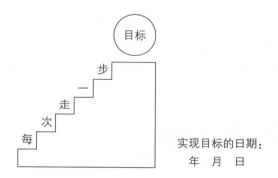

实现目标的日期：
年 月 日

图3-15 目标阶梯示意图

3.是否顺利？

4.给自己的六股积极力量打分。

表3-11 六股积极力量评分表

睡眠	运动	营养	人际联系	安静时光	思维清晰
1	1	1	1	1	1
2	2	2	2	2	2
3	3	3	3	3	3
4	4	4	4	4	4

睡眠	运动	营养	人际联系	安静时光	思维清晰
5	5	5	5	5	5
6	6	6	6	6	6
7	7	7	7	7	7
8	8	8	8	8	8
9	9	9	9	9	9
10	10	10	10	10	10

第 12 天：爱上失败

詹姆斯·普罗查斯卡的父亲在他少年时代就去世了。老普罗查斯卡对医学专业极度不信任，为了不去看医生，他拒不承认自己抑郁并酗酒，家人迫切想要帮他恢复健康但无果。可怜的老父亲过世后，詹姆斯发誓找到方法，让那些不愿做心理治疗的病人得到帮助。他在其著作《永远的改变》中说自己开始这项任务是"想找出方法，将心理学的精彩之处介绍给大部分无法从中受益的普通人，即，那些笃信自我改变者"[23]。

我非常赞赏任务导向的人，因为他们自带成功的动机，詹姆斯正是如此。他建立了一个被称为"分阶段行为转变理论模型"的科学模型，揭示了人在做出持久的行为改变之前必须经过预适应、沉思、准备、行动和保持五个阶段，它就像一个完美的闭环，无法跳过任何一个阶段，必须完成整个流程形成闭环[24]。我最初的假设是，除了我这样不循规蹈矩的人，大家肯定都按上述模型完美地实现行为转变。但随后我读到了詹姆斯的一篇论文，最终破解了动机密码。

詹姆斯的模型还暴露了另一个大秘密，这个环其实并不完美，至少还缺了另外一个他称为"反复"的阶段[25]。通常来说，要形成持久的行为转变需要重复 4—5 次上述分阶段闭环的过程，因为几乎所有人都会在过程中犯错或出现反复，只有在纠正后再次按五个阶段往前推进，才能最终做出持久的改变。因此，相比环形，整个过程其实更类似于螺旋形。

这彻底"改变"了我的想法。有史以来我第一次意识到失败和错误与发展过程相伴而生，不可或缺。因此，当你犯了错误或遭遇了失败，并不意味着你就是个失败者。失败不是什么需要逃离或恐惧的东西，相反，你应该把它看作整个过程的一部分，而且对大部分人来说，它都是过程中最重要的部分。

○ 笑看成败

本套课程旨在让你进入一种完全掌控自己动机的心境，这样你就能坦然接受成败或是好坏。当你以这种心态向自己的目标前进，就能无往而不利了。

今天，你将爱上失败。社交网络 Strava 研究人员跟踪分析了数百万制订了新年健康计划的运动员，研究结果表明，1 月 12 日是他们运动量衰退期的开始。也就是说，在计划制订后的第 12 天，大部分人会失去动机并放弃锻炼目标[26]。

这个研究结果很有指向性。因为99%的人都是受意志力驱使完成自己的目标，而如你所知，意志力会在一两周之后耗尽。

那么该如何督促自己跨过"第12天"这个门槛呢？

○ 如何掌控失败

那么，如何掌控失败呢？

第一步，记住一次失败的经历，并与自己当时的感受和情绪相连接，在脑海中再现那个画面，注意错误发生以后，内心出现的消极的声音，你会怎么描述这些对话和情感呢？

第二步，随着这些情感在你的脑海中不断盘旋，你能否想到其他犯过类似错误或失败后变得更强的人？注意这种情感和内心声音的力量渐渐消退的过程。

第三步，假设你梦想船队当中的一员也犯了同样的错误，想想你会给他什么建议？你将如何鼓励他继续坚持，实现目标？如果你能如是多排练几次，我相信无论何时发生任何问题，你都可以应对。一旦你准备好接受失败，就不会被任何东西阻挡，因为你掌控了自己的动机。所以说，关键在于学习。

○ 如你所愿

Strava团队并不希望大家成为第12天退出者联盟的一员，他们继续挖掘数据，提供了更宝贵的动机见解。最终，他们发现了强动机者在坚持10个月后，仍然保持活跃的五条秘诀：

加入一个拥有共同目标的部落	46%
设定一个目标	92%
找个志同道合的伙伴	22%
在通勤路上锻炼（绿色出行）	43%
早起锻炼	43%

你会发现，上述建议在本书中其实都出现过。尽管Strava的研究是针对体育锻炼的，但同时也适用于你选择的任何目标挑战。

第12天结果检查

1.清晨之问：今天我能做些什么来改善自己的动机过程？

2.晚间之问：今天我是否（为目标步骤）尽了最大努力？我都做了些什么？

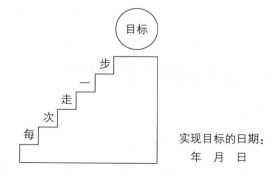

实现目标的日期：
年　月　日

图 3-16　目标阶梯示意图

3.是否顺利?

4.给自己的六股积极力量打分。

表3-12 六股积极力量评分表

睡眠	运动	营养	人际联系	安静时光	思维清晰
1	1	1	1	1	1
2	2	2	2	2	2
3	3	3	3	3	3
4	4	4	4	4	4
5	5	5	5	5	5
6	6	6	6	6	6
7	7	7	7	7	7
8	8	8	8	8	8
9	9	9	9	9	9
10	10	10	10	10	10

第13天：加入志同道合的部落

部落是动机的关键，以我朋友乔·德·塞纳为例。他曾是一名成功的华尔街经纪人，突然感觉自己与外界脱节了。长时间与客户应酬让他了无生趣，快节奏的金融界让他若有所失，但无法确定究竟失去了什么。事实上，他只是想念自己部落了。

于是，乔辞了职，去寻找生活的意义。他找到了一群超级运动员，他们激励乔去测试自己的体能和心理极限。乔承认自己并非天然的运动员，从白领从事极端又疯狂的耐力运动也确实不容易。但他加入了一个超级部落，成员们交换训练计划和营养理念，并为受到鼓舞的少数人建立一个俱乐部，一种志同道合的强大情谊在社区中流动，推动他不断努力前进，激励他参加了原来根本不可能的乌卡塔超级比赛。

比赛在隆冬时节的加拿大举办，需要以徒步、攀爬、骑自行车和跑步等方式穿越 350 千米的荒凉冰冻地带，由于地形条件所限，参赛者经常是在深雪中行进，因此参加这项比赛的人寥寥无几。但乔最终成功越过了终点线，实现了他原以为不可能实现的目标[27]。

那一刻他顿悟了。这一切根本无关忍耐力，而是生活提升到一个全新的层次。他希望与大家分享这种认识，于是着手创建了一个被称为"斯巴达勇士"的大型部落，是世界最大的障碍和耐力部落，有 30 多个国家的百万人参加，部落成员们互相激励，将不可能变为可能，改变自己的生活。当我问乔斯巴达勇士部落对动机如此重要的原因，他回答道，"当你在终点线左右环顾，会发现大家都是斯巴达人，那是一个互相启发鼓励的团队，彼此间有一条无法打断的纽带相连"。

在阅读本书的过程中，你会发现多处提到部落，激励着人们实现目标。今天将为你介绍如何与一个部落连接，让它为你负责，为实现目标建立正向的压力。

○ 部落对动机意味着什么呢[(28)]?

阿肯色大学的杰西卡·诺兰及其团队进行了一些伟大的研究，揭示了一群加利福尼亚居民表面利他、本质却只是随大流的行为。当研究人员询问当地居民为何要节省能量，大家遵循了自己原始大脑的需求，提供了诸如"保护环境""帮助下一代"和"省钱"等理性的理由[(29)]。

为了验证这些动机，研究团队分发了不同的广告，有些广告词是诸如"保护环境"之类的口号，有些则是"关掉社区里99%的灯，为省电做贡献"。研究人员分别在测试前后检查了居民们的电费单，发现唯一让居民们省电的并不是一个理性的理由，而是"大家都是这么做的啊"原始理由。

为什么随大流会变成一个巨大的动机呢？因为它会给人一种"你必须做对的事"的感觉。

当我们与正确的群组或部落相连接，就能在正向的社会压力激励下做正确的事。也就是说，其实我们都在被其他人所影响。因此，我们极有必要掌控好这种强大的动机，并巧妙地加以利用。

无论何时何地，当你面临动机挑战，一定要与支持你的目标的部落相连接。例如，如果你真想减肥，找到一个可以激励你的群体；如果你想健康塑形，也许应该加入当地的公园慢跑群；如果你想变得擅长公开演讲，演讲俱乐部将是可以激励你实现目标的最佳选择。

每一个新的目标都是机遇。你可以与一个全新的志同道合的部落群体相连接，而且还有可能因此获得额外的奖励，建立更多有意义的人际联系。

第13天结果检查

1.清晨之问：今天我能做些什么来改善自己的动机过程？

2.晚间之问：今天我是否（为目标步骤）尽了最大努力？我都做了些什么？

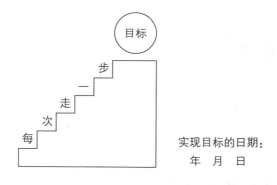

实现目标的日期：

年　月　日

图 3-17　目标阶梯示意图

3.是否顺利？

4.给自己的六股积极力量打分。

表 3-13 六股积极力量评分表

睡眠	运动	营养	人际联系	安静时光	思维清晰
1	1	1	1	1	1
2	2	2	2	2	2
3	3	3	3	3	3
4	4	4	4	4	4
5	5	5	5	5	5
6	6	6	6	6	6
7	7	7	7	7	7
8	8	8	8	8	8
9	9	9	9	9	9
10	10	10	10	10	10

第 14 天：激活最重要的动力源

在追寻动机的过程中，我对人们如何克服严重的成瘾问题产生了极大兴趣。你可能会想，这个问题跟我完全没关系，因为"我只是想学一种语言或存钱买房子"。但是，或许我们可以从那些深入挖掘动机，并将自己从成瘾问题中解脱出来的人身上学到不少。

在探究如何帮助成瘾者戒断的技巧时，我发现爱是治愈众多严重成瘾者的外部动力。

不是表面的"你需要的就是爱"那种爱，而是来自家人的坦诚深厚的爱。斯坦顿·皮尔是一名出色的成瘾问题研究员，也是我的英雄[30]。他在著作《戒断》中说："把父母之爱放在第一位考虑是治愈成瘾问题最有效的办法，而且是一劳永逸的。"

因此，无论在哪里，将你的目标与你深爱的人联系起来，想想如何联系的方式。比如，健康塑形的目标能让你的孩子受益，因为孩子希望他们结婚时，你的身体依然健朗；或者写书的目标是否会让你的父母感到自豪？

爱是一种积极向上的情感，爱可移山填海。

此外，别忘记前文提到的尼古拉斯·克里斯塔奇斯的研究结果，你的所有行动都会对你爱的人和你爱人爱的人产生影响[31]。如果你想要伴侣少喝点酒，那就运用动机能量使自己先少喝点；如果你担心父母的体重，与其念叨他们，不如自己先减个重；如果你是一名家长，教育孩子要保持健康和苗条，那就自己先实现它，以身作则。最重要的动力通常就在唾手可得之处，你需要做的就是，为了那些特别的人坚持执行所需的目标步骤。

第14天结果检查

1.清晨之问：今天我能做些什么来改善自己的动机过程？

2.晚间之问：今天我是否（为目标步骤）尽了最大努力？我都做了些什么？

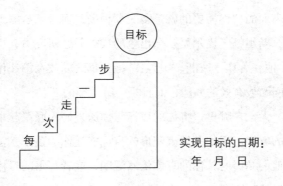

实现目标的日期：

年　月　日

图 3-18　目标阶梯示意图

3.是否顺利?

4.给自己的六股积极力量打分。

表 3-14　六股积极力量评分表

睡眠	运动	营养	人际联系	安静时光	思维清晰
1	1	1	1	1	1
2	2	2	2	2	2
3	3	3	3	3	3
4	4	4	4	4	4
5	5	5	5	5	5
6	6	6	6	6	6
7	7	7	7	7	7
8	8	8	8	8	8
9	9	9	9	9	9
10	10	10	10	10	10

本周学习盘点

第8天

善待自己：能量强大的冥想——不妨注意一下今天来送快递的小哥。

第9天

与破坏者告别：摒除你的矛盾心理，摒弃意志力神话。

第10天

走进自然：淋个"绿色浴"，给自己的动机充充电。

第11天

让你内心的"啦啦队员"火起来：清除内心的消极声音。

第12天

爱上失败：失误标志着你已步入正轨。

第13天

加入志同道合的部落：为每个目标找一个志同道合的部落来激励自己。

第14天

激活最重要的动力源：将你的目标与你爱的人联系起来——这就是你需要的一切。

检查你的成果

本周真正的能量在于帮助你善待自己的正念，这一点至关重要，原因有二：一是人生而不完美，我们只是作为一个人而已。放轻松点，生活并不完美，有时候还相当艰难。你会犯错误，要把它们当作兴奋点，如果谁都不犯错，那生活不就无趣了吗？

二是只要你鼓起勇气踏出了舒适区，进入增长区，就会遭遇失败。但那并不意味着你应该放弃，相反它是你步入正轨的标志。过程中你或许会受伤，但是成长、学习和幸福是与挫折相伴而生的。因此，在实现目标的过程中，不要再不停地鞭策自己，多微笑、多大笑、多感到满足。你会因此启发那些你爱的人，让他们也做得更好。还有比这更有成就感的吗？

现在的你已经学习了两周的动机大师课，精彩待续。

第3周

又见棉花糖

本周的内容至关重要，因为现在那些想要实现目标的早期原因所带来的兴奋感可能会开始消退。养兵千日，用兵一时。把棉花糖吃掉可能会是促使你坚持下去的支柱。

第三周你会发现一个重要的动机秘密：开始一件事和继续坚持所需的动机是完全不同的。如果你想要保持前进的动机，就应该吃掉那颗棉花糖而不是留着。

即时满足吧！

第 15 天：问问自己 "为什么" 开始

某年11月的一个周日早晨，天气晴朗，罗斯·艾德利摇摇晃晃地走上英格兰东南部肯特郡的海滩[32]。他刚沿着英国的海岸线游完一整圈，中途为了不踏足陆地，他甚至都睡在支援船上。

他游了整整2910千米，相当于从伦敦游到莫斯科，或从美国旧金山游到达拉斯。试想，在大海里要扛住水母蜇伤、致命的旋涡和风暴，每天游泳12小时坚持157天，那得需要多大的动机？但他没有停下来，即使受海水侵蚀，他的皮肤开始大块大块地脱落，仍然坚持完成了这项不可能完成的任务。

他是怎么做到的呢？艾德利表示，自己选择开始这项挑战和坚持下来的动机是不一样的。开始阶段想让家人自豪，想创建一个世界纪录或测试人类耐力的极限等经典的"为什么"动机。但游了几天以后，他的动机完全改变了，那些美好的"为什么"消失了。

他不再期待遥不可及的"为什么"，开始专注于当下。游了几天以后，他渴望食物、睡眠、温暖和陪伴。在这些动机的驱使下，他调整了计划，新任务变成只要游足够长的时间，就能获得所需的食物、睡眠、温暖以及与船员共度时光。动机改变后，他快速做出调整并适应。这就是完成不可能的任务的关键。

○　动机会改变

艾德利的故事让我有了一个重大的突破：开始一件事和坚持下去的动机是不同的，而多年来我却一直错误地认为它们是一样的。

开始一个目标的原因大多是，我为什么要实现它并依靠这些原因去推动目标步骤。但几天或几周后，为什么动机不再有效，于是步骤停滞，又一个目标如浮云般飘散。

但是随后我发现，动机是会改变的，因此我需要两种动机：一种用来开始；一种用来坚持下去。

○　以"为什么"为动机有助于开始

我们的人类大脑愿意为自己找一个雄心壮志的理由去追求目标。但是，有两种"为什么"同时存在，拉拽着你的愉快和痛苦情感杠杆，请参见第八章。

愉快"为什么"是那些你想要实现目标的积极原因：

我想跑马拉松是为了让孩子们感到自豪；

我想6个月后穿上婚纱，成为美丽的新娘；

我想健身是为了更健康；

我想写这本书是为了表明我可以做到

痛苦"为什么"是害怕无法实现这个目标所产生的后果：

如果不能减重，我可能会得2型糖尿病；

如果不戒酒，我可能会失去家庭；

如果不写博客，我可能会深陷讨厌的工作无法自拔。

多年来，传统动机大师利用愉快"为什么"和痛苦"为什么"激励数百万人踏上了实现目标的旅程。

但是我们发现，当继续坚持变得艰难了，他们就会停下，这是因为大师们没有认清：一旦开始了，我们就会需要一个新的动机坚持下去。

○ 若我能找到一个足够强大的原因呢？

如果你找到了一个足够强大的原因，那么你将不再需要第二动机；但是就像根本不存在无尽的意志力，以上情况也几乎是不可能的。

找到一个足够强大的原因就像支持一匹赔率10000∶1的赛马，像瞎猫碰上死耗子，概率极低，这也是用"为什么"作为动机和意志力神话让许多人感觉失败的原因。他们历尽艰难，却依然无法找到超强大的原因，同时意志力也行将耗尽，于是他们认为自己不行，就放弃了。

我不希望你也这样。

本套动机大师课的目标受众就是普通人，因为我们都没有超级忽悠的"为什么"作为动机，而且意志力非常薄弱。

在介绍如何解锁一种新的动机之前，请你列出所有你想要实现目标的原因，并把它们分成两类：让你感到愉快的和痛苦的。

表 3-15　目标分类表

愉快的	痛苦的

花几分钟好好享受这个练习带来的动机，因为明天我们就要改变动机游戏，把那颗棉花糖吃了。

第15天结果检查

1.清晨之问：今天我能做些什么来改善自己的动机过程？

2.晚间之问：今天我是否（为目标步骤）尽了最大努力？我都做了些什么？

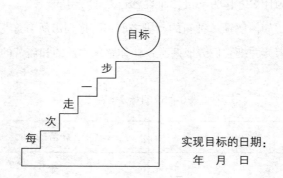

图 3-19　目标阶梯示意图

3.是否顺利？

4.给自己的六股积极力量打分。

表 3-16　六股积极力量评分表

睡眠	运动	营养	人际联系	安静时光	思维清晰
1	1	1	1	1	1
2	2	2	2	2	2

续表

睡眠	运动	营养	人际联系	安静时光	思维清晰
3	3	3	3	3	3
4	4	4	4	4	4
5	5	5	5	5	5
6	6	6	6	6	6
7	7	7	7	7	7
8	8	8	8	8	8
9	9	9	9	9	9
10	10	10	10	10	10

第 16 天：棉花糖制造者

昨天我们已经了解到，导致大部分的人放弃目标的原因是，他们的动机改变了但并未随之做出应有的行动调整。为什么动机让你开始，而一旦新鲜感褪去，它们的力量也随之消失。此时你如果没有计划，就会开始看到假想的"我不能跑步"或"我太累了没法再写"或"我明天再做"棉花糖，原始大脑会想要把它吃了，而你唯一的选择就是像初次棉花糖实验中的孩子一样，利用意志力拖延不去跑步、写作或明天再做的满足感。但我们知道，大部分人并不是太能拖延满足感，而且意志力也会耗尽。

现在设想一下，与其让你的原始大脑决定它看到什么棉花糖，不如你自己创造一颗健康的无须抵抗的棉花糖，这样你的人类大脑和原始大脑就会达成一致，因为它们想要的东西是一样的，也就不再需意志力去抵抗了。

○ **切记**！

如果你不制订健康的棉花糖计划，错误的就会出现。

关于健康棉花糖，最重要的是它必须可以即时满足。原始大脑并不在乎是否要为未来储存棉花糖，它想要现在就得到，因此务必确保自己是从当下的体验出发，创造出那颗健康的假想棉花糖。

当你从不健康的棉花糖转移到健康的棉花糖时，就可以感受到两种动机的现实意义。

◇ **案例：**

罗伯特

罗伯特的目标是健身塑形，但他能想到一长串开始锻炼的传统理由，例如：不锻炼可能会生病，想塑形，想为孩子树立更好的榜样。

但问题是，所有这些罗伯特应该去健身房的原因都不足以激励他穿上运动鞋，关闭正在观看的电视剧。几天后，那些合理的"为什么"所带来的动机消失了，他不得不重新为锻炼找一个合理的动机。

此时，传统动机会促使罗伯特与开始锻炼的原因重新连接并紧紧依靠它，但他却只能看到了一颗巨大的"我不能锻炼"棉花糖。原始大脑想要吃了它，他只能竭尽所能用自己的意志力去抵抗，最终却还是放弃了目标。

下面来看看罗伯特掌控了棉花糖以后，如何实现同样的目标。

首先，罗伯特可以选定一个自己喜欢的目标，并且堆叠棉花糖。

假设你的目标是健身。如果你喜欢自己目前正在做的某项锻炼，那么找到健康的棉花糖就不是难事了。比如，你不喜欢跑步那就不要跑；如果你喜欢走路，就去走路；或者喜欢游泳，那就去游泳。罗伯特选择走路，因为可以把这项运动纳入早晨的通勤例程，也可以边走边听播客。

罗伯特得到的指令是让新的棉花糖去关注当下的感受，因为原始大脑想要的永远都是即时满足。同时，他还可以在实际执行目标任务时，将自己体验到的好处（棉花糖）列举出来。

一号棉花糖：运动后，我发现自己更有能量。

二号棉花糖：坚持走路后，我发现自己的身材变好了。

三号棉花糖：我喜欢被新鲜的空气包围。

四号棉花糖：我可以在运动的同时学习并拓展思路。

就这样，罗伯特的运动目标变得完全不同。转换棉花糖令动机游戏彻底改变。他不必再找到钢铁般的意志力去抵抗"我不能跑步"棉花糖，只要通过变换棉花糖来改变自己的关注点，同时训练自己的大脑去获取新的健康的棉花糖。

当原始大脑决定它想要的东西是正确的，便会对理智大脑产生更大的激励，从而形成一个良性的循环，这是你在掌控棉花糖过程中得到的额外奖励。

生活就像一场实验。你可能会需要一些时间才能和新棉花糖建立连接，但请一定要坚持下去，直到它们变成深深植根于你大脑中的习惯或价值观。

今天，将你在执行目标步骤时体验到的所有积极意义都列举出来。如果你仔细找，总会找到一些积极的棉花糖，试着列出几条，如果确实没有也不要着急，我会在第18天向你展示如何从零创造出棉花糖。

从现在起，将棉花糖写进到你的晨间日记里，可以把它们放在目标步骤中或任何你觉得合适的地方，但是一定要每天都与它们连接，直到实现目标。记住：改变棉花糖，就能改变你的生活。

第16天结果检查

1.清晨之问：今天我能做些什么来改善自己的动机过程？

2.晚间之问：今天我是否（为目标步骤）尽了最大努力？我都做了些什么？

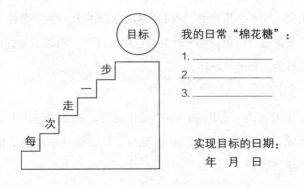

目标

我的日常"棉花糖"：

1. ＿＿＿＿＿＿＿

2. ＿＿＿＿＿＿＿

3. ＿＿＿＿＿＿＿

实现目标的日期：

年　月　日

图 3-20　目标阶梯：列出日常"棉花糖"

3.是否顺利?

4.给自己的六股积极力量打分。

表3-17 六股积极力量评分表

睡眠	运动	营养	人际联系	安静时光	思维清晰
1	1	1	1	1	1
2	2	2	2	2	2
3	3	3	3	3	3
4	4	4	4	4	4
5	5	5	5	5	5
6	6	6	6	6	6
7	7	7	7	7	7
8	8	8	8	8	8
9	9	9	9	9	9
10	10	10	10	10	10

第17天：识别和避开伪装棉花糖

　　本套动机大师课的各个章节都是为了帮你通过动机掌控自己的命运。之前我们讨论过，如果你自己不制订一个计划，那么别的人或事物甚至进化就会给你一个，而它会和你选择的棉花糖保持一致。如果你持随遇而安的态度，原始大脑就会选择它看到的棉花糖，我们也知道那通常都是错的，是看着好吃但足以摧毁你动机的。

"我不能"棉花糖是最常见的伪装棉花糖。进化的目标是保存能量，当它感觉一个目标任务可能会消耗太多能量时，"我不能"棉花糖将应运而生。

这正是动机计划发挥作用的时候。六股积极力量得分越高，你就越有能量。假如你睡眠充足、饮食均衡、经常运动、喝酒不多，就会充满额外的力量，而"我不能"棉花糖也会少出现一些。当你将这部分动机能量和昨天新创造出来的健康棉花糖相连接，"我不能"棉花糖就会消失。

然后，你就有能量去启动新的动机，写博客、跑步、学习或与别人联系，并坚持执行目标步骤。

但是，当你处于异于平常的身心状态时，而目标步骤需要你就目前的身心状态做出调整，"我不能"伪装棉花糖就会出现。

比如，当你正放松地看电视时突然想起自己这会儿应该去锻炼，而锻炼需要活跃的精神状态并充满能量；或者当你结束一天的漫长工作，精神枯竭，却想到了学习这个目标步骤，而学习需要一个充满活力的状态。

在上述情况下，"我不能"棉花糖可能会再次出现，因此你必须制订一个计划，改变你的身心状态。

改变状态是我们与生俱来的一种能力，可以让自己在不同的心理状态之间转变调适。你是否发现，自己曾在过度反应或发脾气时说"让我处于一个正确的状态"？情感状态或情绪是我们当下的感受，有时是高兴、充满活力，有时则是冷静、放松，还有一些时

候是生气或感到厌烦，可谓瞬息万变。状态对于动机来说至关重
要，因为特定的活动需要特定的状态，要学习如何根据不同的目标
任务，改变和调适自己的状态。当你用对的状态去完成对的目标任
务，找到动机并采取行动的机会就会变大。

　　我们在 10 天之前介绍过状态调整大师托尼·罗宾斯，他认为，
想要有好的状态，最好的办法之一就是运动[33]。因为运动可以制
造积极的情绪，帮你打开新的视角，通常当你的身体状态改变时，
重新启动目标任务并开始执行的可能性就会变大。

　　只要身体动起来了，你的大脑也会加入。请你花 30 秒想想自
己所有的积极棉花糖，将体育运动和心理调适相结合能促进你积极
行动，而且你的动力会一直保持下去。

○ 运动身体，调整状态，执行计划

　　试试通过下面的练习来调整自己的状态：坐下或站立，含胸，
曲背，肩膀向胸部靠拢；手臂和双手自然下垂在身体两侧，低头。
这是典型的青少年闷闷不乐时的姿势。

　　迅速记下你在这个位置的感受。我敢确定你不会感觉到活力。

　　恢复原来的站姿或坐姿，将肩膀抬平。

　　抬头，想象自己从头到脊椎最后一节呈一条直线。

　　肩膀向后抻，放松手臂，抬头向前看。

　　如果你此时是坐着的，请站起来。站直后，深呼吸，这个姿势
让你保持舒畅，警醒。

　　现在的你对目标步骤有什么感觉？

○ "明天会好的" 棉花糖

如果你没有计划，原始大脑将看到"明天会好的"棉花糖。于是，当你的意志力耗尽时，你就会不去上旋转课，把棉花糖吃掉，忘了学习，因为你的原始大脑笃信明天就会好的。

凯丽·麦格尼格尔在著作《自控力》中讲了一个发生在快餐业巨头麦当劳的神奇故事[34]。麦当劳首次推出了健康食谱，但媒体却发现，事实上沙拉的售卖量远不及汉堡包，而且巨无霸汉堡包的销售量竟然水涨船高，这个发现非常值得推敲。

纽约市立大学巴鲁克学院的研究人员听说了巨无霸汉堡包之谜后，进行了一系列测试，试图找到健康食谱的推出反而导致人们选择不健康食品的原因。他们制作了两种不同的菜单：一种是包括汉堡、鸡块等常见的快餐食品；另一种是一份沙拉，并告知参加测试的人只能二选一。

研究人员发现，只要沙拉是选项之一，选择不健康食品的人数往往会占比更高。这项研究揭示了我们思维中存在的一个根本缺陷，即我们错误地假设明天会好的。

那么今天的我们就可以任性。我们错误地相信自己已经完全掌控了理智，所以今天吃汉堡是没问题的，因为明天自己肯定会选择沙拉。但是明日复明日啊！于是，又一天的目标步骤因"明天会好的"这种错误思想而告终。

这就是你需要制订一个计划的原因。如果你为今天规划好了目标步骤，那么今天就要去执行，不要试图和自己的大脑讨价还价，因为你肯定会输。根本没有反转或"明天会好的"这种事，它只是一颗伪装棉花糖。听到原始大脑告诉你"明天再说吧"，请记住这节课的内容，忽略它的声音，现在就行动起来吧！

第17天结果检查

1.清晨之问：今天我能做些什么来改善自己的动机过程？

2.晚间之问：今天我是否（为目标步骤）尽了最大努力？我都做了些什么？

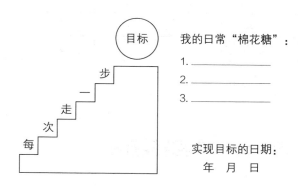

图 3-21　目标阶梯：列出日常"棉花糖"

3.是否顺利？

4.给自己的六股积极力量打分。

表3-18 六股积极力量评分表

睡眠	运动	营养	人际联系	安静时光	思维清晰
1	1	1	1	1	1
2	2	2	2	2	2
3	3	3	3	3	3
4	4	4	4	4	4
5	5	5	5	5	5
6	6	6	6	6	6
7	7	7	7	7	7
8	8	8	8	8	8
9	9	9	9	9	9
10	10	10	10	10	10

第18天：做一个棉花糖罐

从美国精英作战部队海军陆战队退休后，大卫·高勤思因为有趣而参加超级马拉松比赛，并保持着24小时内引体向上次数最多的世界纪录。（4030次，想不想挑战一下？）

看到这份传记时，你是否会想这个人应该生来就是勇士？但年轻时的大卫其实是个时运不济的人，这也是我喜欢他的故事的原因。

残酷的童年让他游走在犯罪的边缘。暴虐的父亲让大卫和兄弟们在家族企业通宵干活，白天再送到学校上课，基本不让他们睡觉。他的母亲鼓起勇气与父亲离了婚，但这也意味着她不得不努力干活维持自己和孩子们的生计。你肯定会认为他是沿袭了好莱坞式的英雄故事，从白手起家到拥有一切，从而改变人生。

但是并没有。他几次参加美国空军考试而屡战屡败，但他屡败屡战，最终成功入伍。四年后他离开了军队并罹患了抑郁症，体重一度飙升到140千克，随后他又鼓起勇气报考了海军陆战队，也遭到了旁人的忽视和嘲笑，但一名招募官选择相信他。有时候我们需要的其实只是有个相信自己的人。

本书将传递的一个重要信息就是，你可以的！当你制订计划并遵照执行，就可以实现自己设定的任何目标。

大卫就是这么做的。他在进入海军陆战队的选拔流程遇到了一个关卡：必须在3个月内减重45千克，而正是这个目标促使他制订动机计划，最后彻底改变了人生。

几个月后，大卫成功减重45千克，实现了不可能完成的任务，同时进入了海军陆战队的选拔流程，也叫基础水下爆破测试。那是一项成为真正的勇士前需要通过的24周魔鬼式训练。

他再次失败，直到第三次才通过考试。此时的他已经成为一个动机机器。

大卫发现了制订计划的作用。他知道失败是过程中的一部分，而动机是任何人都能习得的技巧。他甚至试着从痛苦中寻找棉花糖，经历过大部分人都会放弃的地步，但他给自己设定的任务是成为地球上最坚强的人，于是他将痛苦转变为积极棉花糖。我认为，只要你足够用心，就可以在任何地方找到积极棉花糖。

大卫并不是无缘无故地平步青云，他跌倒过，也失败过，但是他能屡败屡战，日日坚持，一步步地改变了自己的思想、身体和生活，而这就是制订一个动机计划所产生的能量。

随后，他决定去跑恶水超级马拉松，为作战时牺牲的军人家庭筹款。恶水超级马拉松是世界上最艰难的马拉松比赛之一，这次大卫参赛报名又遇到了一个障碍，因为参加比赛的资格是他此前必须成功地完成过162千米的比赛。几天后，甚至没有参加过标准的42千米马拉松比赛的大卫就选择在17小时内跑163千米，最终赢得了恶水超级马拉松比赛的入场券。

2006年时，一共有85名运动员参加的比赛中，31岁的大卫拿到了第5名。这个成绩对于新手运动员来说几乎是不可能实现的。

大卫的故事不止于此。他在生病体检时被检查出心脏上有一个大洞，这就意味着当他在挑战那些不可能完成的任务时，心脏供血动力只有常人的一半！痊愈后的他继续挑战不可能，并因此令数百万人受到鼓舞。大卫能做到，你当然也可以，需要的只是一个棉花糖罐子。

○ 棉花糖罐子

在大卫艰难的童年时代，无论家庭环境多么糟糕，他妈妈总是想尽办法保证家里的饼干罐头里是有存货的。因此，在后来的生活中，大卫为自己创造了一个心理饼干罐，里面装满了他过往的成功，以及为取得成功克服的失败或困难。当他发现自己陷入巨大痛苦以至于积极棉花糖都消失时，他会向这些想象中的饼干求助。

大卫的著作《我，刀枪不入》是你能读到的最激励人心的书籍之一，他在书里是这么描写自己的饼干罐的[35]：

> 高中最后一年我不得不比同学努力三倍最后顺利毕业，这是其中一块饼干；当我以高龄通过军队的职业倾向测验，并在此后再次参加海军陆战队的基础水下爆破测试，我又往里加了两块饼干；我记得自己在不到三个月内减重100多磅，征服了对水的恐惧，以同期最高分从BUD/S毕业，获得陆军游骑兵训练的最高荣誉称号；等等。正是这些巧克力馅的饼干填满了我的饼干罐子。

当他为实现某个目标出现挣扎时，他会向脑海中的饼干罐求助，取出其中一份过去的成功，用来激励当下的自己。

这是一个超能力动机理念。因为逆境中的我们往往会忘记自己曾经取得的成绩，忘记自己是如何在过程中披荆斩棘到达人生所在之境。现在让我们把饼干换成棉花糖，我希望你记住，用自己过去的成功填满自己的棉花糖罐子，当你需要动机时，任意从那里抓取即可。

拿出你的日记，把所有你克服过的困难和阻碍都写下来，可以追溯到自己的童年时代，列出尽可能多的成功去装满你的罐子。回顾自己过往的成功，坚定信心，自己现在依然可以做到！

第18天结果检查

1.清晨之问：今天我能做些什么来改善自己的动机过程？

2.晚间之问：今天我是否（为目标步骤）尽了最大努力？我都做了些什么？

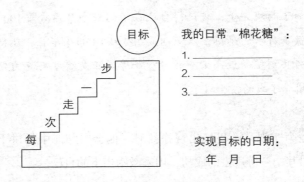

我的日常"棉花糖"：

1.＿＿＿＿＿＿＿＿

2.＿＿＿＿＿＿＿＿

3.＿＿＿＿＿＿＿＿

实现目标的日期：

年　月　日

图 3-22　目标阶梯：列出日常"棉花糖"

3.是否顺利？

4.给自己的六股积极力量打分。

表 3-19　六股积极力量评分表

睡眠	运动	营养	人际联系	安静时光	思维清晰
1	1	1	1	1	1
2	2	2	2	2	2

续表

睡眠	运动	营养	人际联系	安静时光	思维清晰
3	3	3	3	3	3
4	4	4	4	4	4
5	5	5	5	5	5
6	6	6	6	6	6
7	7	7	7	7	7
8	8	8	8	8	8
9	9	9	9	9	9
10	10	10	10	10	10

第 19 天：将欲取之，必先予之

第一次见到《清醒的快乐》一书的作者凯瑟琳·格雷，我俩颇有种相见恨晚的感觉[36]。我们都有共同的戒酒经历，也将自己的故事分享给其他人，因此听到别人分享自己如何受我们的启发而戒酒，感觉就像释放了成千上万的积极棉花糖。所谓"赠人玫瑰，手有余香"，或如凯瑟琳所说，"开放、诚实地分享自己的故事，对别人产生积极的影响，同时自己也受到这种影响的启发"。

我感觉无论怎样强调这种力量的强大都不为过。它的强大不在于最终启发了数百万人，重要的是它起源于"一"。"一"可以是一位朋友、你所在集体的一员、一位同事或其他任何人，而结果却是"一生三，三生无穷"。你分享自己的故事，帮助了别人的同时也是一种自助。动机也一样，当我们激励别人的同时，也激励了自己。

我想请你把自己的积极棉花糖分享给别人，在帮助他们的同时收获更多棉花糖。例如，假设你的动机目标是跑5千米，那么可否在附近的公园发起一场志愿活动，激励别人一起跑？或者如果你的目标是成为一名个人发展导师，那么可否参加一个线上研讨会或找到某个你认识的人，为他们提供支持和指导？

北卡罗来纳大学的芭芭拉·弗雷德里克森教授专注于积极能量研究。她的著作《积极性：突破性成功研究，释放你内心的乐天派》改变了我们对善意、积极性和动机的看法[37]。如果马丁·塞利格曼被认为是积极心理学的祖父，那么弗雷德里克森就该是祖母了。

弗雷德里克森创立了积极情绪的"扩展－建构"理论，认为"消极情绪会让人对可能的行动产生狭隘的想法，积极情绪则正好相反：它们会扩展你对将要采取的行动的看法，让我们有意识地建构和采取更加广泛的想法和行动"[38]。

弗雷德里克森的意思是，积极情绪能开拓我们的视野，让我们看到更多选择。对于人类的祖先来说，这些情绪会点燃动机，开发新的能力、技巧、优势和资源，保护他们对抗未来的威胁。早期的人类对这些积极情感接受度越高的，就越能做好应对困难的准备，由此人类基因才得以不断进化。

积极情感在七万年前有效，现在也一样。积极情感会激发我们做出改变，因为它提供了增强技能的内在动力。我们都希望发掘身体和精神的潜力为将来做好准备，同时也受到那些有助于身心健康的活动的吸引，这些特质将帮助我们努力满足走向未来的需求。我将用例子来加以说明。

当我们感到生气时，关注点只在此时此刻，一叶障目；而当我们感受到愉快、感激、希望、自豪或任何其他的积极情绪，就会得到激励，产生新的想法、选择和思考的方式，从而改变自己的生活。这些积极情绪还会让人感觉良好，这就是额外的奖励。

为什么分享你的棉花糖或善待他人会产生巨大的动力呢？弗雷德里克森的研究主要从两个方面提供了答案：一是当你意识到自己在给予的同时会收获更多。

你意识到，自己付出的善意将收到更多的积极力量。研究发现，让参加者记录下自己的每个善举，他们的积极性会有极大的提高，因为当大家充满积极情感，思维就不会被限制，将获得激励并开放地拥抱自己面临的挑战。

二是日日行善会让你得到更多积极的回馈。

在某一天集中分享善意会比经常这么做更有力量。弗雷德里克森等人的另一项研究表明，参与者平日的常规善举和某天集中体现善意相比，后者能提高他们的整体积极性。

因此，请尽可能制订一个计划，在特定的"给予"日做出一些善举，将你的棉花糖分享出去。

○ 爱的奉献

保持积极情绪的好处还不止这些。密歇根大学研究表明，如果我们经常"给予"，寿命也会更长[39]。

当你将棉花糖分享出去，将会收获更多动机，主要有两方面原因：一是帮助别人会给自己带来积极的情感；二是为你创造另一个层次的责任感，因为你一旦决定要帮助别人，就会尽量不让对方失望，于是积极的社会压力将在激励你坚持实现既定目标的同时给他人以启迪，这也是你将获得的额外奖励。

现在，你已经有了丰富的给予经验，同时幸运地拥有一个分享的平台，无论你的目标是什么，都可以为某个部落或某个人提供帮助。在给予并收获的过程中，创建积极情绪和动机的上升螺旋，这一点非常重要。

○ 今天，给自己定个微挑战

找个机会把自己的积极棉花糖赠予他人。如果你已经在课程的第13天找到了一个部落，好好想想，怎么能和其中一人分享自己的动机经验。

如果是线上部落，试试在播客发条帖子。如果你想扩大积极情绪的影响力，也可以录一段视频进行分享。给某人发邮件或短信，也可以写篇博客文章或建立一条领英信息。给朋友打个电话，告诉他们自己的近况？这些做法并不是让你对别人开展说教，而是抓住机会展示自己的善意。

第19天结果检查

1.清晨之问：今天我能做些什么来改善自己的动机过程？

2.晚间之问：今天我是否（为目标步骤）尽了最大努力？我都做了些什么？

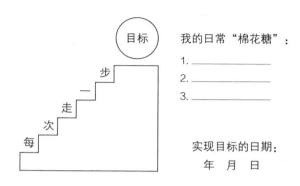

我的日常"棉花糖"：

1.＿＿＿＿＿＿＿

2.＿＿＿＿＿＿＿

3.＿＿＿＿＿＿＿

实现目标的日期：

年　月　日

图 3-23　目标阶梯：列出日常"棉花糖"

3.是否顺利？

4.给自己的六股积极力量打分。

表 3-20　六股积极力量评分表

睡眠	运动	营养	人际联系	安静时光	思维清晰
1	1	1	1	1	1
2	2	2	2	2	2
3	3	3	3	3	3
4	4	4	4	4	4

睡眠	运动	营养	人际联系	安静时光	思维清晰
5	5	5	5	5	5
6	6	6	6	6	6
7	7	7	7	7	7
8	8	8	8	8	8
9	9	9	9	9	9
10	10	10	10	10	10

第 20 天：利用你的"掌握棉花糖"

　　"掌握棉花糖"或许是你取得了小成功或小进步的一个标志。从进化论观点看，当人类获得一项对生存或繁衍有利的新技能时，原始大脑就会感到欣喜。也就是说，取得任何肉眼可见的提高都能激励人心。发现自控力理论的莱恩和德其认为，想要过上全身心投入的积极生活，可以从三种"心理营养"中汲取能量：一是"自主"；二是"相关性"或与他人的联系；三是"胜任"或"掌握"，指的是掌握某项任务过程，有效控制所有行为所产生的结果的能力[40]。

　　今天的课程旨在帮助你构建正确的思维模式，释放自己的"掌握棉花糖"。

○ 成长型思维

著名的思维理论学家、斯坦福大学心理学教授卡罗尔·德伟克的研究表明，人的思维模式可以影响动机[41]。她把思维模式分为固定型思维和成长型思维两类，二者都会对动机产生重大影响。固定型思维者认为自己只能二选一，要么聪明要么愚蠢，要么有天赋要么没有；他们倾向于将失败作为衡量标准，认为成功才是进步的迹象，而错误中不存在学习的空间；他们笃信天生的特质，不相信成长之说。

拥有成长型思维的人则将失败作为学习的渠道，他们不怕犯错误或提出"愚蠢"的问题，而是将其作为学习的途径。他们也不会掩盖自己的弱点或错误，想要通过挑战自己去体验新鲜事物，面对并战胜挫折，不断成长。他们认为，只有反馈而没有失败。

根据德伟克的研究，拥有成长型思维的人会为了更大的目标去努力，产生压力、焦虑和抑郁情绪的情况比较少，表现更好，也更有动机。他们明白，只要付诸努力、决心和时间，自己就可以掌握任何技能。

成长型思维会产生掌握棉花糖，因为在他们看来，即使没有按原计划进行，也必有进步的机会。我们的动机任务并不是为苛求完美，而是掌控自己的动机并不断学习。生活中的任何事物都可以通过调整得以改善，包括你的思维。这是一个令人振奋的认识，同时也是本书的另一股积极力量。德伟克展示了如何构建成长型思维，我希望你可以从中学习，改变自己的思维和棉花糖，从而达到改变动机的目的。

○ 一切皆是关键所在

　　成长型思维不只是目标的思维，也是生活的思维。因为万事万物均是学习。《专精力》的作者罗伯特·格林曾说"一切皆是关键所在"，作为一名作家、演说家兼商人，格林相信每一个事物，无论好坏美丑，都可为己所用，提升自己[42]。

　　当他站在这样的制高点上看待问题，就能有效规避事情不顺利时产生的痛苦与自怨自艾，只将之当作积累经验。他把每一次障碍都视为获取智慧的必由之路。同样，你也可以把日常目标步骤和障碍看作成长的机会。这样一来，是不是可以认为同事、别人轻率的评论或充满压力的时刻都能给你一种新鲜的观点，反而对它们充满感激呢？这种微妙的心理重构将让你热爱生活，包括其中的失误和缺陷，因为"一切皆是关键所在"。

　　把格林的方法论和成长型思维相结合，你就能做到处处可见动机棉花糖。尽管事情并不尽如人意，但你仍然可以从处理困境的过程中，发现自己正在变得强大或获得进步的迹象。

　　掌握棉花糖分为两种：一是动力—掌握棉花糖；二是成长—掌握棉花糖。

　　动力—掌握棉花糖

　　将动力—掌握棉花糖想象为一个小小的成功。今天以及每一天都要发现自己取得进步的迹象，可以是来自朋友的一句"你看上去很棒"的评论，也可以是终于提交了一篇学科论文。无论何时何地，将成功的迹象或动力—掌握棉花糖纳入你的计划中，并跟踪自己取得的成功，第一天的课程介绍的连胜计时器就是动力—掌握棉花糖最好的例子。随着时间的流逝，你会体验到掌握给你带来的快乐。

成长—掌握棉花糖

如果你正在进行的事情遇到挫折，那么能否利用成长型思维去探索进步的空间？成长—掌握棉花糖是你正从困境中学习和成长的迹象，它表示你不再害怕失败并清楚那正是自己进步的标志。当你与这种思维建立联系，就能在自己实现目标的过程中发现成长—掌握棉花糖。

○ 今日作业

当你每次发现掌握棉花糖时，都要停下来并认可自己取得的进步。或许也可以将进步的迹象写进日记里，然后从这里开始注意自己的行动正在产生积极的变化。

今天的课程的关键是逐渐意识到自己一直都在提高和学习。记住，对你的原始大脑和人类大脑来说，迈向掌握的每一小步都是动机成就的一大步。

第 20 天结果检查

1.清晨之问：今天我能做些什么来改善自己的动机过程？

2.晚间之问：今天我是否（为目标步骤）尽了最大努力？我都做了些什么？

即时满足

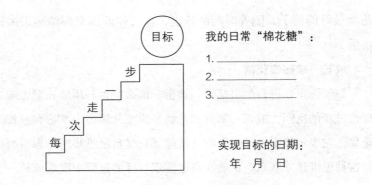

我的日常"棉花糖":

1. _____

2. _____

3. _____

实现目标的日期:
　年　月　日

图 3-24　目标阶梯:列出日常"棉花糖"

3. 是否顺利?

4. 给自己的六股积极力量打分。

表 3-21　六股积极力量评分表

睡眠	运动	营养	人际联系	安静时光	思维清晰
1	1	1	1	1	1
2	2	2	2	2	2
3	3	3	3	3	3
4	4	4	4	4	4
5	5	5	5	5	5
6	6	6	6	6	6
7	7	7	7	7	7
8	8	8	8	8	8
9	9	9	9	9	9
10	10	10	10	10	10

第 21 天：改变想法，改变行为

古罗马哲学家爱比克泰德曾让学生们列出受自己掌控和不受掌控的事物清单，当他看完那些清单后，就把学生们解散了。因为在他看来，唯一受我们掌控的东西只有自己的信仰，其他任何东西均不受掌控，只是程度有所区别[43]。

爱比克泰德没错，我们对爱人、伴侣、工作或财富，甚至自己的健康都没有掌控权。世事无常，许多生活方式健康的人也会得病，爱人们会去世，伴侣也会离开，财富可能会散尽，工作则常有变化。用一句话来概括，这就是生活！而试图去掌控不可控的事情，往往会导致挫败、压力和焦虑的产生。

爱比克泰德还说过，"事实上，扰乱人心的并非外物，而是自己的想法"。这个观点启发了心理学家艾伯特·伊利斯和精神病学家艾伦·贝克，他们合作创建了认知行为疗法（CBT）。相比现有的其他谈话疗法，CBT 的有效性得到了最多的临床证明，它与许多治疗抑郁症和焦虑症的药物有同等疗效。而这种疗法几乎不会造成任何副作用。

伊利斯在认知行为原则基础上创建了 ABC 模型。其中，A 是我们经历的一件事，B 是我们对这件事的解读，而 C 是基于这种解读感受到的一种情绪反应。他的模型与爱比克泰德的观点不谋而合，通过改变对某件事情的想法或观点（B），我们确实可以控制自己的条件反应或行为模式（C）。而简单的概念，如 CBT 和 ABC 模型，已经改变了数百万人的生活。

艾伯特·爱因斯坦说，"我们能做的最重要的决定，是搞清楚自己到底生活在一个友好的还是恶意的宇宙中"[44]，这句话帮助我解决了动机难题。

爱比克泰德、爱因斯坦和伊利斯表达的其实是同一个意思，我们可以控制自己的信仰，有能力改变棉花糖，从而改变自己的生活。

◇ **案例**

杰利做到了！

杰利经营公关生意，但他的生活停滞不前。

他有很多与日常工作不相关的主意，苦于无法在生活中实践，于是决定参加我的动机大师课，深入了解如何提升个人生活与职业生涯的质量。

一年后，他发现，动机计划将指引自己在最意想不到的情况下，实现深层次的意义和目的。

杰利进行了如下评价：

"大师课改变了我人生中的诸多小事，最终指引我实现了大改变。我先是爱上了NEAT，明白了小变化如何产生大影响。

"举例来说，与其随身带2升水去上班，我宁可特地换成小杯子喝水，就为多爬几次楼梯去灌热水；天气热的时候每天差不多就要爬6个来回，或许听起来并不是很多，但一年下来变化就发生了。

"我制订了逐步脱离酒精的动机计划，且最终成功戒酒。

"我改善睡眠，并在每天早上五点半起床，争取上班前完成一些个人计划，因为我发现早晨的效率是最高的，早起最终改变了我的生活；我还成功减重3千克，获得了额外的能量。

"我认为，大师课中能量最强大的是创建自我宣言的部分，因为这部分展示了自己慷慨、有趣和努力工作的真实价值观。此前我虽然也大概知道，但从未真正表达出来，我还把真我宣言贴在了办公室的白板上，时时对照遵循。事实上，当我与这些宣言相联系时也是最受激励之时，正是这些改变和新发现的动机感驱使着我不断前进。

"当我7岁的女儿夏洛特问我'为什么人和人会这么不一样呢'时，我摸索着给出了一个满意的答案，但同时也迸发出了一个写作的主意并制订了动机计划去实现它。我想，大部分孩子肯定都对相同的事充满了疑惑并试图去寻找一个答案，那么我为何不尝试着写点有趣的小诗或编段饶舌来做出解释呢？说干就干，我也一直保持。现在我已经是一名插画家并将饶舌改编为一本名叫《大家来找茬》的书。

"我不知道写书是不是我的下意识之举，因为它与我的真我宣言完全吻合。每售出一本书，我还向少年儿童扫盲慈善基金会捐赠1英镑作为回馈。我非常乐意做这件事，而且我觉得自己热衷此事的原因是它让人本能地觉得应该这么做。

"我从未想到写一本儿童书籍能让我充满热情与意义，但是它确确实实地发生了。而这一切都归因于我了解自己的动机和价值，制订了计划并不断实践。自参加大师课至今已一年有余，现在我是一名作家，还有两本书等待出版。"

第21天结果检查

1.清晨之问：今天我能做些什么来改善自己的动机过程？

2.晚间之问：今天我是否（为目标步骤）尽了最大努力？我都做了些什么？

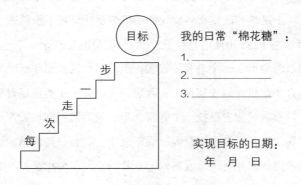

图 3-25　目标阶梯：列出日常"棉花糖"

3.是否顺利？

4.给自己的六股积极力量打分。

表 3-22　六股积极力量评分表

睡眠	运动	营养	人际联系	安静时光	思维清晰
1	1	1	1	1	1
2	2	2	2	2	2

续表

睡眠	运动	营养	人际联系	安静时光	思维清晰
3	3	3	3	3	3
4	4	4	4	4	4
5	5	5	5	5	5
6	6	6	6	6	6
7	7	7	7	7	7
8	8	8	8	8	8
9	9	9	9	9	9
10	10	10	10	10	10

本周学习盘点

第15天

问问自己"为什么"开始：首先排列好"为什么"，然后把棉花糖吃了。

第16天

棉花糖制造者：创造并吃了你的健康棉花糖。

第17天

识别和避开伪装棉花糖：躲避不健康的棉花糖。

第18天

做一个棉花糖罐：利用过去的胜利激发当下的动机。

第19天

将欲取之，必先予之：帮助启迪别人并激励自己。

第20天

利用你的"掌握棉花糖"：一切皆是学习，用你的掌握思维解锁动机。

第21天

改变想法，改变行为：改变棉花糖，改变生活。

检查你的成果

试想你已经掌握了获得持续动机的秘密，清楚如何做出正确的选择，以及如何将注意力从伟大的"为什么"转移到当下的积极棉花糖上来，我确信你肯定能感受到这个微妙的重构所产生的变化。当你关注这些问题，几乎可以立刻注意到自己的变化。你的原始大脑开始与目标相连接，动机随之而来，因为你已无须抵抗，让原始大脑吃掉健康的积极棉花糖，从这些小胜利中汲取力量。

截至目前，你已经知道该躲避什么样的棉花糖以及如何与过往的成功相连接，激励当下的自己。"善意"这个概念会存在于学习的整个过程。本周你学到了如何将棉花糖与他人分享并从中获得动机。

此外，本周大师课最大的发现之一就是意义和目的来自动力和掌控力这两个要素，二者均在生活中养成，现阶段的学习已为此奠定了夯实的基础。随着自己不断向目标迈进，你将拥有掌控力去解锁隐藏的意义。回想一下杰利和他的儿童书你就会明白，要从一开始就搞清楚自己的人生目的是不可能的，而当你开始行动起来，未来的意义便会水到渠成地显现。或许你在开始的28天可能没有找到自己的人生目标，但几个月后它们就会出现，是不是很令人激动？

最后，本周你已从我多年的研究中受到了两个最重要的启发，把两者结合起来会改变你学习动机技巧的方式：开始一件事和保持下去所需的动机是完全不一样的；改变棉花糖就可以改变人生。

第4周

你已达到『忍者』级别

生活就是一场游戏，而掌握自己的动机会给你一种感觉，你可以决定接下来该怎么玩。或许可以得到所有梦想中的人和事，从此游戏人生；或许也会受伤，但那只是通往成功的路上美好的痛苦；也许会出现失误，但你知道那正是你该学习之处。

最后一周的内容是关于将所学技巧提升到下一个层级：你将学到如何正确外包你的动机，摒弃直觉和利用罗马时代的智慧来提升动机。如果设立的目标不正确，你将学习如何自信地进行调整。最后你会在28天目标实现之前，知道庆祝的重要意义。

开始吧。

第 22 天：
外包棉花糖，掌控自己的计划

我正在新加坡富乐顿酒店安静地度假，目力所及只有平和的海港景色，此时，多年未见的老友轻快地走进了酒吧。我揉了揉眼睛再次确认，发现特洛伊与上回见面时完全判若两人，眼前的他身材和状态都很好。而上回见面时，他比现在要重13千克，肥胖也不健康，一副无精打采的样子。听着是不是很耳熟？

作为一名高级律师，特洛伊常年旅居国外，已有20年未踏足健身房，但是眼前的人明明容光焕发。于是，我的兴趣被激发了，询问他是怎么做到的。

他回答："很简单，因为我外包了自己的动机。"

此前，特洛伊根本不相信自己会有健身的动机，他的生活永远都是在路上奔波。幸运的是，他参加了一个叫"终极表现"的精英培训项目，培训师为他制订了计划并激励他坚持下去。因此，只要你按培训师开的菜单进食，根据他们的建议保持锻炼，坚持时间够久，就可以取得令人惊叹的成果。

只要坚持每天的目标步骤，时间久了就没有什么做不好的。认识到这一点至关重要，无论你是想改变体型、职业，增加账户余额，还是保持亲密关系。

不过，特洛伊并没有自己制订一个计划，而是把这项工作外包了，他要做的只是坚持。

我完全相信你可以掌控自己的动机技巧，因此无须外包。但特洛伊的经历让我认识到了外包的作用，我们可以从一名教练或导师、一个课程或团体那里得到激励。

但是我认为，当外包动机在某个时刻耗尽时，你就会失去动力。比如，某次桑巴课与孩子的学习俱乐部时间冲突，你就会停止跳舞，或者是你的钢琴老师搬家了，又或者报名参加的商业培训课结束了，等等。

我们都会面临这样的时刻，于是外包动机的问题就出现了：当我们没有足够的钱请教练，或课程取消，或脱离了部落，会有什么结果？

通常情况下，当我们将动机外包时也就放弃了动机的掌控权，而没有了这个外在动机相助，一切就结束了。

但我很快就找到了解决办法。

○ 只有掌控动机，你才能将它外包

不能在外包动机的同时放弃掌控权，而是把它作为你计划的一部分。只要掌控了自己的外包动机，你就能从中学习。

你的目标应该是，即使教练、培训师、群组或部落等都不存在，自己仍有足够的能量继续执行目标步骤，这样才算掌控了实现目标所需的动机。如果外包了动机，但学习依然在你的计划中，那么即便有一堂课取消或课程结束，你仍可以调整自己的动机计划，适应并找到独自一人或与他人一起执行目标步骤的方法。这种动机计划重构完全不同于将自己的动机与他人相连接的常规情况。

我相信，所有培训师、教练、课程和书籍都应该赋予你能量，在完全没有外包动机的情况下执行目标步骤。选择加入自己计划的应该是奖励性的、能掌控的外包动机，而不应为其所制。

○ 如何以正确的方式外包动机

今天我们将寻找外包动机的正确方式，快速追踪目标。你的教练、导师、群组或部落能否为你注入更高层次的动机？如果可以，把它纳入自己计划的一部分，将这些课程纳入相关的目标步骤，坚持执行并尽可能从中学习。

如果以成长型思维学习为例，你能从今天的课程中学到什么？你能否在没有其他人监督的情况下，执行例程或锻炼？注意你使用的工具、书籍、重量或装备，问问自己，进展如何。

只要你能完全掌控外包动机的过程，就能随心所欲地执行目标步骤；而如果你觉得自己的掌控能力足够，外包动机确实是实现梦想的好办法。

第 22 天结果检查

1. 清晨之问：今天我能做些什么来改善自己的动机过程？

2. 晚间之问：今天我是否（为目标步骤）尽了最大努力？我都做了些什么？

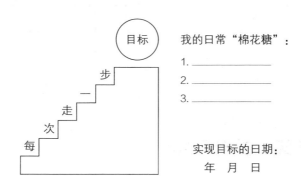

图 3-26　目标阶梯：列出日常"棉花糖"

3. 是否顺利？

4. 给自己的六股积极力量打分。

表 3-23　六股积极力量评分表

睡眠	运动	营养	人际联系	安静时光	思维清晰
1	1	1	1	1	1
2	2	2	2	2	2
3	3	3	3	3	3
4	4	4	4	4	4
5	5	5	5	5	5
6	6	6	6	6	6
7	7	7	7	7	7
8	8	8	8	8	8
9	9	9	9	9	9
10	10	10	10	10	10

第 23 天：摒弃直觉

我不想吓唬你，但此时此刻正有数十亿微生物生活在你的肠胃里，影响着你的健康与行为。你有没有想过，为什么人在紧张时，会产生一种有人或蝴蝶在肚子里闹的感觉？那是因为我们的肠道里有数十亿微生物直接与大脑的神经元网络相连，细胞生物学家迈克尔·葛松博士在同名著作中将之称为"第二大脑"[45]。

生活在肠道里的微生物有细菌、噬菌体、真菌、原生动物和病毒等，统称为微生物组或肠道菌群。不可思议的是，人体内的微生物细胞数比人类细胞多了近10倍。

你可能会想，这数十亿微生物组与动机有什么关系呢？单细胞生物显然不可能激励你改变职业或让你学钢琴啊？但是，研究证明，这种可能性其实是存在的。

爱尔兰科克大学解剖学和神经科学系主任约翰·克莱恩同时也是一名精神生物学的先锋学者。精神生物学的研究方向是，食物和干预如何积极影响我们体内的微生物组，进而影响健康和动机。

我初次与快乐博士克莱恩会面时，他告诉我受DNA测序进展的研究所限，微生物组研究只处于一个非常初级的阶段。

"但是我们已知的研究揭示了肠道微生物组对抑郁和焦虑情绪产生的影响，以及微生物组和肠道菌群的改变如何直接影响食物选择"，他说。

那么，这些肠道微生物是否会影响我们的目标动机呢？克莱恩博士对此的回答是"当然"。

接下来的发现，让我弱小的心灵受到了巨大的冲击。

○ **谁点的比萨**？

克莱恩博士说："我们的实验证明，可以利用肠道微生物组来转移人的忧郁情绪。我们把患有抑郁症的人类的粪便转移到老鼠身上，发现老鼠也变抑郁了。"

我并不是建议你到托尼·罗宾斯的厕所外面排队，从他那里获取额外的动机。但克莱恩博士和团队的实验证明，微生物确实会对我们的行为产生惊人的影响。

研究人员进行了更深入的研究，发现通过改变果蝇的肠道微生物组，可以影响它的食物选择。

科学家斯科特·安德斯在与克莱恩博士合著的《情绪益生菌的革命》中阐述了微生物的力量："看起来，相比真正的大脑，支配你渴望的其实是你肠道里的第二大脑。那么真相到底如何呢？[46]"

所以，你点比萨是因为你真的喜欢，还是你体内的微生物大军点了外卖，其实你只是充当了一个送货员？

○ 肠道微生物组能激励你省钱买房吗？

相关研究表明，肠道微生物组会对焦虑、抑郁和渴望等人类情绪产生影响，因此它与动机直接相关。

因为当我们出现焦虑或抑郁情绪，实现目标的动机就会丧失。

尽管尚未有研究证明动机与肠道微生物组之间存在正向联系，健康的肠道是否真的会激励你改变职业或让你学习语言。但克莱恩博士认为，研究很快就会揭示，我们的第二大脑将对实现目标的动机产生直接影响，因为"精神状态会直接影响肠道状态"。

我的好朋友艾伦·戴斯蒙德博士是一名胃肠病顾问，也是自称的肠道健康学家。他顺利完成了"一年无啤酒"项目，并为最大程度地发挥肠道菌群的力量提出了五条建议[47]。

一是吃不同种类的植物。

一项被称为"美国人肠道细菌计划"的研究分析了11,000多名各国志愿者的肠道微生物组,并得出人体内的健康细菌明显喜欢植物纤维这一结论。这项宏大的科学研究显示,要维持健康多样的肠道微生物组,关键在于摄入大量植物性食物,并且种类要多样化。大豆、绿色蔬菜或全麦制品等各种植物类食物包含了不同种类的纤维和重要的植物营养素,而我们的肠道微生物组每一样都喜欢。

二是保证充足的睡眠。

肠道微生物组看似与身体其他部位一样每天24小时循环工作。但一些研究人员认为,事实上我们的肠道微生物组在设定生物钟上也发挥了重要作用。因此,不睡觉、倒时差和调班次都会减少体内微生物的多样性。请你保证每晚7~8小时睡眠,多给肠道微生物组一些关爱吧。

三是让锻炼成为每日例程的一部分。

2014年,一些爱尔兰研究人员发现,精英橄榄球运动员有着令人惊讶的多样性的肠道微生物组。进一步研究表明,规律的锻炼能让你收获肠道健康,并有助于提高热爱纤维的健康细菌的水平。

四是多去户外。

长期宅在室内的生活方式对微生物健康无益。我们知道,生活在乡村的人大概率比城市人更健康,且拥有更多样的肠道微生物组。你就算去不了名山大川,至少也多去公园或花园走走。

五是避免服用不必要的抗生素。

抗生素为人类带来的好处不胜枚举,它们帮助人类成功抗击肺炎和脑膜炎等常见的重度感染类疾病。但如果你只是普通感冒或着凉，医生也认为可以不药而愈，那么请接受医生的建议，帮帮你的肠道微生物组。只需要一个疗程的抗生素，就能严重改变人类肠道微生物组的平衡性和多样性。另一种避免过度服用抗生素的办法是去除食谱中的肉类和乳制品。因为世界上绝大部分抗生素都被用于农场饲养的动物身上，这些抗生素会在食物链上继续运转，最终影响人类的肠道微生物组。

○ 见微知著

当你用远观的视角来看，其实一切都是在动机闭环中运行的。因此，只要把基础的事情做好，提升动机能量，就为实现目标构建了动机平台，不仅动用了身体和大脑，肠道作为第二大脑也将参与其中。最终你会过上属于自己的充满活力和动机的健康生活，实现双赢。

第 23 天结果检查

1.清晨之问：今天我能做些什么来改善自己的动机过程？

2.晚间之问：今天我是否（为目标步骤）尽了最大努力？我都做了些什么？

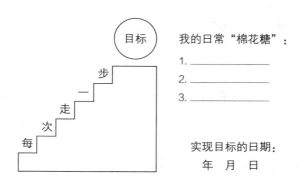

图 3-27　目标阶梯：列出日常"棉花糖"

3.是否顺利?

4.给自己的六股积极力量打分。

表 3-24　六股积极力量评分表

睡眠	运动	营养	人际联系	安静时光	思维清晰
1	1	1	1	1	1
2	2	2	2	2	2
3	3	3	3	3	3
4	4	4	4	4	4
5	5	5	5	5	5
6	6	6	6	6	6
7	7	7	7	7	7
8	8	8	8	8	8
9	9	9	9	9	9
10	10	10	10	10	10

第 24 天：记住，你终将死去

多年来，一直令我耿耿于怀的是，自己从未在清晨出门前跟女儿们说声再见。我一向都是低着头，一边想着今天可能会面对的问题（事实上那些问题从未出现过），一边冲向车站。

很多人可能跟我有一样的想法，认为自己的工作超级重要，因此必须赶早去上班。而相比与妻子和孩子共度时光，我们的优先事项是让大家看到我早早上班了，以证明自己工作得多努力。于是，我们都在无尽的担心和肾上腺素刺激中连轴转。

在唯一可以转换心情的节假日里，我经常生病。这是压力过大的典型症状，当人刚开始感觉放松，放慢下来的身体却悲哀地发现自己已精疲力竭了，于是出现生病的表象。一周的休息后，人会感觉良好，但这时你会悲哀地发现自己又得重复同样的过程。

我怀疑自己会慢慢与生活中真正的优先事项脱节。工作让我感到窒息。于是，我开始学习更多有关动机的内容，美好的事物也随之而来。

当动机雪球滚动起来，我发现自己与真正的优先事项相连接。让人啼笑皆非的是，当我开始越少担心工作，竟然越能聚集起六股积极力量，促使工作表现越来越好。

但我仍然会在早晨低头冲出家门，用理所当然的态度对待家人。直到我阅读了现代哲学家莱恩·霍利得的著作《每日斯多葛日报》后，生活才开始发生改变。

插叙一个我个人的观点：优质的书籍是你能找到的最好的动机

之源，其内容和观点拥有彻底改变人类世界观的能量。我经常被某本书改变想法，因此，我建议你多读好书。当然，我也希望本书能为你抛砖引玉。

接着说正事：我建议你找到自己生活中真正重要的人和事。《每日斯多葛日报》中的一个故事给了我启发。据说在罗马时代，将军们在取得每一次伟大胜利后，都会被当作英雄，得到赞美。但在胜利游行之时，经常会有人在他耳边重复低语："记住你终将死去。"其作用在于，当这位伟大的勇士被吹捧得飘飘然之时，这句话会让他记住，胜利的荣光也可以随着死亡而瞬间烟消云散[48]。

我们经常会忘记或忽略最明显的事实，某个时刻我们终将死去。这并非病态或悲伤的想法，恰恰相反，当我们承认生命的脆弱，也能给自己力争每天做到最好的动机。因此，为什么要把生活拖延到明天，万一没有明天了呢？为什么不能在冲出门之前，认真地跟自己最重要的人说一句再见呢？

于是，每天我都会在日记里写下"记住你终将死去"，我发现自己的变化正悄然而生。早上我不再低头冲出门，而是用心地拥抱我的女儿们，就像这是最后一次那样。我没法告诉你这个举动产生了什么变化，但是一个一心一意的拥抱确实远胜过 1000 次三心二意的努力。就算我走出大门后发生了什么，也不用后悔，因为我已经在生活中每一个幸福的时刻，把爱给了重要的人。

接着，我的"记住你终将死去"想法开始延伸。我意识到世事难料，父母不可能永远都在，因此我开始用心地拥抱他们。尽管他们从未表现出来，但我从他们的表情中看到了变化。

"记住你终将死去"，就像动机的燃料，它会逼着你尽心尽力地拥抱每一天的每一分钟，就像每天都是末日一样。

尝试在你的日记里写下"记住你终将死去"，感受它的能量。现在请你问问自己：

如果今天是末日，你是否会表现得与平常不一样？

你是否会不顾一切地冲出家门，连对爱人说句再见或是亲吻他都做不到？

你是否会浪费时间在宿醉上？

你是否会忽略大自然的美？

你是否会尝试原谅一切人和事？

我在前文介绍过"时光机器"理念，把它和"记住你终将死去"理念相结合，效果会更好。"时光机器"理念让你意识到自己比想象中拥有更多的时间，而"记住你终将死去"理念则提醒你生命是脆弱的，应该珍惜每一寸光阴，不要浪费时间等待不确定的明天。

你无法改变过去，而未来尚不确定。因此，请珍惜当下。

第24天结果检查

1.清晨之问：今天我能做些什么来改善自己的动机过程？

2.晚间之问：今天我是否（为目标步骤）尽了最大努力？我都做了些什么？

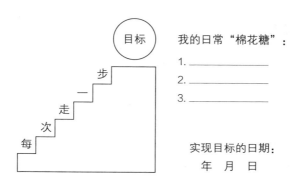

图 3-28　目标阶梯：列出日常"棉花糖"

3.是否顺利？

4.给自己的六股积极力量打分。

表 3-25　六股积极力量评分表

睡眠	运动	营养	人际联系	安静时光	思维清晰
1	1	1	1	1	1
2	2	2	2	2	2
3	3	3	3	3	3
4	4	4	4	4	4
5	5	5	5	5	5
6	6	6	6	6	6
7	7	7	7	7	7
8	8	8	8	8	8
9	9	9	9	9	9
10	10	10	10	10	10

第 25 天：与恐惧为邻

阻碍我们实现目标的第一要素便是恐惧。担心别人的想法、可能会面临的失败或失去都会让我们畏缩不前。

恐惧让我感到沮丧，尽管它本身是一种巨大的动力，但其能量通常会被误导。恐惧感会促使我们停下正在进行的目标步骤。尴尬是对别人看法的恐惧，说"我做不到"是害怕失败，而不愿意改变则是因为担心失去。你的原始大脑想要停留在安全的舒适区，因此它会通过这些带着恐惧色彩的信息来阻碍你的前进。

请记住，无论何时感到了恐惧，都是你步入正轨的标志。所以不要逃离恐惧，把自己变成恐惧捕手，梦想就隐藏在恐惧中。

约瑟夫·坎贝尔在《千面英雄》中如是写道："你寻找的宝藏就在自己最害怕进入的山洞里[49]。"

苏珊·杰夫斯在《如何战胜内心恐惧》中启示我们："感受恐惧，放手去做[50]。"

今天的课程将帮助你克服恐惧感。希望课程结束时，你不再被恐惧支配而不断逃离。或许你仍然会觉得可怕，因为即使理智把恐惧感都整理好了，它们也并没有消失，只要你身处舒适区外，恐惧就会如影随形。但你的目标是学着拥抱恐惧，并将它当作自己已经进入增长区的标志。

无论何时何地遭遇恐惧，请走近它。它会恐吓你、测试你，但你也有可能克服它，找到自己的梦想。

○ **克服对失去的恐惧**

当我们朝着一个目标前进，会经历对失去的恐惧。原始大脑热衷于保持现状，不喜欢变化，它会集中精力用失去感来劝退你。例如：如果我为了省钱而不出门，朋友们可能会觉得我很没意思。

要打败对失去感的恐惧，最好的办法便是专注于胜利。如果你感觉原始大脑正在恐吓你，让你停下目标步骤，那么暂停一下，承认这种恐惧感的存在并进行调节。那只是原始大脑希望处于放松状态的表现，并不是做出生死选择，可以把想法转换到执行目标步骤可能获得的胜利上，克服假想的失去感。

怎么做呢？花两分钟将所有实现目标可能会得到的好处写下来，让自己与获得感重新连接并消减失去感带来的恐惧。例如：

如果我少花点钱在外出用餐上，就能有钱度过一个美好的假期，开启一段真正的探险之旅。

只要我饮食均衡，就能有更多能量，感觉更轻盈，皮肤也会更好。

学习有助于我拓宽知识面、训练大脑，创建一个有利于自己职业发展的平台。

你或许已经注意到了，这些好处是大师课第15、16天的"为什么"和健康棉花糖的结合体。今天将帮助你通过掌控棉花糖，管理自己日复一日对失去的恐惧。你也可以将今天的练习应用于任何你认为需要克服失去感的场合。

第25天结果检查

1.清晨之问：今天我能做些什么来改善自己的动机过程?

2.晚间之问：今天我是否（为目标步骤）尽了最大努力? 我都做了些什么?

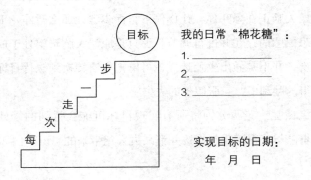

图 3-29　目标阶梯：列出日常"棉花糖"

3.是否顺利?

4.给自己的六股积极力量打分。

表 3-26　六股积极力量评分表

睡眠	运动	营养	人际联系	安静时光	思维清晰
1	1	1	1	1	1
2	2	2	2	2	2

续表

睡眠	运动	营养	人际联系	安静时光	思维清晰
3	3	3	3	3	3
4	4	4	4	4	4
5	5	5	5	5	5
6	6	6	6	6	6
7	7	7	7	7	7
8	8	8	8	8	8
9	9	9	9	9	9
10	10	10	10	10	10

第 26 天：坚持下去，还是转换目标

里奇·罗尔一生都在兢兢业业地当律师，他的目标是供养一个快乐而充满活力的家庭⁽⁵¹⁾。但有些事情突然发生后，改变了他对世界的看法，同时也改变了他的目标。

攀爬自己在洛杉矶的公寓楼梯时，40岁的里奇因为累得喘不上气而不得不停下来休息。这时他忽然意识到，实现金融目标已无法让自己感到幸福，自己身体不好还体重超标。这次顿悟催生了他要尝试一些新鲜事物的动机，而且最好还是能激进些的。于是，他开始多年以后的第一次跑步，并且迅速地减了肥，体型变好了，整个人感觉重新"活"过来了。内心的某些东西被触动，他决定自己下

半生都会继续跑步、保持健康和好身材。于是他对自己的目标进行了大调整——辞去了高薪的工作，开始踏上超级马拉松比赛的目标之旅。

你可以想象这一举动产生的冲突。他的原始目标是保持自己的财务稳定，而新目标则有可能会导致金融危机。在里奇扭转乾坤之前，他的个人资产一度仅剩几百美元。但是他最终成功地参加了超级马拉松比赛，成为全世界最健美的人之一、健康界的超级英雄。他的著作《奔跑的力量》成为动机学界的一颗明珠，开通的播客也广受欢迎。

尽管里奇是一个转换目标的极端例子，但是在你学习掌控动机的过程中，生活可能会发生变化，而目标也可能随之改变。每一个你想征服的目标都能促进你的成长，因此不要害怕改变，但一定要确保以正确的方式做出调整，并且坚持做下去。

○ 万一你这么做却发现自己错了呢？

只要你转换目标的方式是正确的，就不会出问题。就像世界上并无明确规定，该什么时候打开降落伞才是安全的。但是改变目标之前，一定要考虑好以下几个关键问题：

别再躲藏在"我没有动机"这样陈词滥调背后，因为你知道事实并非如此。

昨天已经说过，你可能会有恐惧感，因为当原始大脑获得掌控权，它会要求你停留在舒适区。因此，改变目标不能急于一时。

问问自己："我对这个目标有抵触的原因是不是此刻还没有做

好准备，去做必须要做的事？"不想去做某件事并没有错。

重要的是，你要承认自己只是不想去做或这个阶段没有时间去做，不要用"我不够好"这样的借口糊弄自己。有时候，实现一个目标所需的努力可能会超出目标实现以后带来的好处，这时候改变目标就是明智之举。

○ 努力去尝试吧

这个简单的练习将让你做出决定，要么停止一个无用的目标，要么将你和当前的目标重新连接。无论结果如何，对你来说都是一次胜利，你会骄傲地重新开始或继续实现现有的目标。

第一步：确认继续当前目标的正当理由。

我确认自己可以实现某某目标，但我不会继续做下去，因为：

1._____

2._____

3._____

比如，我确认，我可以实现每天写博客的目标，但我不会继续做下去，因为：

1.经过努力，我意识到自己并不喜欢写作。

2.生活中还有更重要的事，但它占用了太多时间。

3.我很高兴自己之前付出的努力，但现在意识到这个目标并没有预想中那么重要。

第二步：你是否准备好继续实现这个目标？

还想改变目标吗？如果经过上述练习，你发现自己停下来只是因为恐惧，事实上想要继续当前的目标，那么修改你的动机计划，继续实现连胜螺旋。

如果你想重新开始一个新目标，建议再做一次目标叠加，选定下一个目标。最重要的是，要确保先制订计划，再采取行动。

第26天结果检查

1.清晨之问：今天我能做些什么来改善自己的动机过程？

2.晚间之问：今天我是否（为目标步骤）尽了最大努力？我都做了些什么？

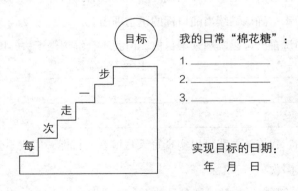

图 3-30　目标阶梯：列出日常"棉花糖"

3.是否顺利？

4.给自己的六股积极力量打分。

表 3-27　六股积极力量评分表

睡眠	运动	营养	人际联系	安静时光	思维清晰
1	1	1	1	1	1
2	2	2	2	2	2
3	3	3	3	3	3
4	4	4	4	4	4
5	5	5	5	5	5
6	6	6	6	6	6
7	7	7	7	7	7
8	8	8	8	8	8
9	9	9	9	9	9
10	10	10	10	10	10

第 27 天：用正确的方式庆祝

　　我不想赘述，在搞清楚动机如何工作之前，自己有多少次坚持了几周的目标步骤换来感觉良好，却因为用了错误的庆祝方式，最后导致功亏一篑。不只是我，我想所有人都是如此。回想一下，你有没有过坚持几天或几周不喝酒，然后用一杯啤酒或红酒来庆祝自己的成功的情况？

　　这种奇怪的现象可能会在你实现任何一个目标的过程中出现。比如，我们或许会用蛋糕来庆祝自己成功节食一周，或一次性支出一大笔钱来庆祝节省了一个月，等等。如果你也有以上的情况，不要担心，很多人都会这样，这种现象叫作道德许可效应。

○ 你的得分说明了什么？

当你认为自己的目标步骤坚持得不错时，大脑就会建立一种虚拟得分系统，得到的分数代表着获得的奖励，而原始大脑负责这个得分系统，于是其结果显而易见。当你得到足够多的好分数，获得的奖励通常是信任自己的情感冲动，或把庆祝的决定权交给原始大脑，结果就会做出一些"坏事"。

耶鲁大学管理学教授拉维·德哈尔和芝加哥大学商学院教授阿耶莱·费斯巴赫揭示了道德许可效应如何影响节食者的庆祝活动[52]。当他们告诉研究参与者，他在实现减重目标中取得了良好结果，85%的参与者会选择吃巧克力棒作为庆祝，不会选苹果；而另一组未被告知好结果的参与者中，只有58%的人做出了吃巧克力棒这个"淘气"的选择。道德许可效应的影响由此显现。

但这也并非全是坏事。只要你做好充足准备，就可以规避道德许可效应，以正确的方式进行庆祝，增强实现目标的动力。

以下提供三种方法，助你克服坏的庆祝方式。

第一种：记住你的"为什么"。

芝加哥大学和香港理工大学研究人员的联合研究发现了一种阻止原始大脑保持得分的神奇方法[53]。研究人员们再次运用食物，作为"好坏"庆祝方式来测试道德许可效应的影响。首先，他们要求一组学生回忆某次让自己感觉良好并拒绝了诱惑的情况。只是想起这些好时光，学生们就崩溃了，70%的人会在庆祝时做出"淘气"的选择；而下一组学生则被要求记起他们为什么要抵制这些诱惑，这次有69%的人成功规避了"不好的"选择。结果是神奇的，因为它反转了道德许可，成功将原始大脑关进了笼子。

只是记起"为什么"，就让这些学生与自己的目标重新连接，在他们眼里，做出"不好"的选择只会对实现梦想产生威胁。此外，他们认识到自己和目标保持了一致，控制了自己的行为，做出了正确的选择。

今天，和你开启目标探险之旅（见第1天的课程）的原因重新连接，确保加入新的原因并将它们写下来，让这项练习的能量更加强大。

第二种：小小的庆祝。

你应该还记得天才行为科学家B.J.福格，他建议每次执行完一个目标步骤都要进行一次小小的庆祝，帮助锁定新的习惯。这场28天游戏旨在将目标步骤深入到你的潜意识，形成习惯或核心价值观。因此，这些小庆祝确实会有所帮助。

小庆祝的方式可以是挥舞一下拳头，或在自己心里说一声"你真棒"。当然，如果你胆子够大也可以大声喊出来，只要是一些能启发自己或让自己高兴的事情就行。

可以试试哪种方式对自己更有效。但请记住把它加进自己的动机计划中，因为小庆祝会产生大变化。

第三种：提前叠加28天庆祝。

记住，当你发现自己和原始大脑就如何庆祝开展了一场愉快的对话，那么原始大脑就会帮你做出决定，最终你的梦想将被摧

毁。因此，一定要提前做好计划，规避那场对话，清楚自己的庆祝
方式。

如果你能恪守28天原则，那么每年大约需要12次庆祝，请提
前把它们都安排好，这样你就会一整年都有又酷又有趣的庆祝活动
可做了。

今天可以抽点时间做个头脑风暴，把你能想到的庆祝方式都写
下来，列好清单，最好有12条，这样就能提前坚定实现明年目标
的决心。动机大师们都是这么做的。

此外，提前知道自己的庆祝方式也有助于你集中注意力，消除
道德许可效应，释放积极情绪，拓展思维，实现更多的目标。

其实不需要花太多精力，只需要列好清单，锁定日期、预定好
庆祝地点。在28天里，专注于自己定好的庆祝活动，并把它作为
自己即将获得的奖励，它就会成为你的动机，最终让你的一整年都
变得振奋人心。

以下是我的一张庆祝活动清单，仅供参考：

一月：度假、滑雪

二月：阳光假期（必须享受一下冬日暖阳）

三月：按摩

四月：进修"永续农业"课（虽然听起来怪怪的，但我喜欢）

五月：徒步旅行

六月：散步

七月：享受假期

八月：爱尔兰之旅，见朋友和散步

九月：到剧院看戏

十月：探美食店

十一月：冬日阳光之旅

十二月：冬日徒步旅行

第27天结果检查

1.清晨之问：今天我能做些什么来改善自己的动机过程？

2.晚间之问：今天我是否（为目标步骤）尽了最大努力？我都做了些什么？

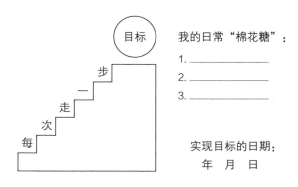

图 3-31 目标阶梯：列出日常"棉花糖"

3.是否顺利？

4.给自己的六股积极力量打分。

表 3-28　六股积极力量评分表

睡眠	运动	营养	人际联系	安静时光	思维清晰
1	1	1	1	1	1
2	2	2	2	2	2
3	3	3	3	3	3
4	4	4	4	4	4
5	5	5	5	5	5
6	6	6	6	6	6
7	7	7	7	7	7
8	8	8	8	8	8
9	9	9	9	9	9
10	10	10	10	10	10

第 28 天：你成功了

现在，你已正式行进在成为一名动机大师的路上，我为你感到超级自豪。感谢你坚持足够长的时间，学到这些技巧、观点和方法。改变自己的思维甚至行为，需要极大的勇气。

希望你现在已经认识到，自己其实一直都有充足的动机，以前的自己只是被误导了。你并不是无可救药或意志力薄弱，只是一个完美的不完美人类。但现在的你已拥有了自己的动机计划。

过去的 28 天只是探求掌握动机之旅的开始，你将在这个过程中掌控自己的生活。你知道了动机是一种可以学习和掌握的技巧，也知道了最好的动机概念、观点和技巧。这些都会让你一生受益。

但我们的大师课还剩一天呢……

○ 练习：掌控观点

今天我希望你掌控自己从这本书里发现的所有观点。

最好的方法便是将它们写下来。我希望你可以在读完这本书的6个月或6年后，脑海里仍然清晰地记着这些观点。当有人问起你"对动机了解多少"时，你能用自己的实践让他们对你刮目相看，因为你每天都在运用这些观点，实现自己的目标。

花点时间回顾一下整本书的内容，将自己认为最好的观点列成清单，并深深地刻在记忆里，把它们放在脑海中最重要的位置。

在结束课程之前，我想知道在过去的28天里，你克服的最大障碍是什么？如果可以的话，请将它们写下来，为自己增加一些额外的内在动力。

最后，再花点时间回顾一下，感觉到充满自信，因为你学到的东西足够多。想想时光机器，现在你才刚刚热完身。

第28天结果检查

1.清晨之问：今天我能做些什么来改善自己的动机过程？

2.晚间之问：今天我是否（为目标步骤）尽了最大努力？我都做了些什么？

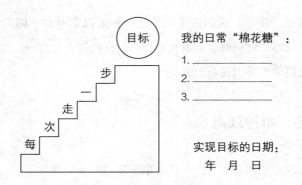

我的日常"棉花糖"：

1. ＿＿＿＿＿＿＿＿

2. ＿＿＿＿＿＿＿＿

3. ＿＿＿＿＿＿＿＿

实现目标的日期：

年　月　日

图 3-32　目标阶梯：列出日常"棉花糖"

3. 是否顺利？

4. 给自己的六股积极力量打分。

表 3-29　六股积极力量评分表

睡眠	运动	营养	人际联系	安静时光	思维清晰
1	1	1	1	1	1
2	2	2	2	2	2
3	3	3	3	3	3
4	4	4	4	4	4
5	5	5	5	5	5
6	6	6	6	6	6
7	7	7	7	7	7
8	8	8	8	8	8
9	9	9	9	9	9
10	10	10	10	10	10

本周学习盘点

第22天

外包棉花糖，掌握自己的计划：如果你能掌控，外包会很有效。

第23天

摒弃直觉：给你的微生物群提供正确的食物以助力你实现目标。

第24天

记住，你终将死去：让"记住，你终将死去"激励自己享受生活的每一刻。

第25天

与恐惧为邻：你的目标有时会带来恐惧感，但这标志着你的方法是对的。

第26天

坚持下去，还是转换目标：你可以改变目标，保持动力。

第27天

用正确的方式庆祝：用有利于你实现目标的方式进行庆祝。

第28天

你成功了：现在，你已正式行进在成为一名动机大师的路上。

接下来干什么？让我们完成动机闭环

祝贺你来到28天动机大师课的尾声！但这并不是结束，而只是一个开始。

在过去的四周里，作为一个初学者，你已经完成了动机计划的完整闭环，并为成为一名"黑带选手"奠定了坚实的基础。

如何才能成为一名黑带选手？不断重复动机技巧的实践是唯一的方式。举例来说，为了掌控自己的身体或达到一定的艺术水准，你必须保持撸铁或绘画的频率。

记住，动机是一种需要每天坚持练习的技巧。你可以对照一下自己现在所处的状态。

○ 完成目标了吗？

你完成目标了吗？如果完成了，那么是时候开始下一个了。动机与行动的势头息息相关，在此前所有努力的基础上，打开你的目标存储器，开启下一个重要目标。在此之前，先提升一下自己的六股积极力量，给自己的下一个目标设置更多动机。

○ 目标还在进行中吗？

你的目标还在进行中吗？如果没有，放宽心，这很正常。许多目标的实现都需要超过28天的时间。在这28天里，你需要做到的就是养成实现目标的日常习惯，即使那不是你关注的焦点。

例如，你想在6个月内实现跑完马拉松的目标，那么这套课程将帮助你养成每天坚持跑步的目标步骤，也就是习惯，直到你跑完42千米。

○ 是否需要更多的时间？

如果你需要更多的时间去实现一个目标，坚持下去。改变吸烟这样根深蒂固的习惯往往需要比28天更长的时间才行。

根据我自己的经验，改变与酒精的关系大约需要90天，因此，坚持那些还未成为习惯或核心价值观的目标需要足够的毅力。

生活是一场大型实验，要做好评估，到底什么方法对你有效。如果你的前一个目标开始出现松懈，请暂停眼下正在执行的这个，回到前一个并用心对待。当你有信心它能回归正轨，并且已经形成足够强大的习惯，就能恢复暂停的那个目标，并保持前进。

在开始下一个目标之前，请考虑以下问题：

你是否需要更多时间才能将眼下这个目标变成习惯或价值观？当你即将开始一个新的目标，能否保持实现前一个目标所需的例程？如果不时刻想着眼下这个目标，明天是否还能继续坚持执行例程？如果你无法为吃炸鸡这样不明确的目标定义一个结尾，那么问问自己，要保持这种生活方式的习惯和核心价值是否已经形成？

最后，你想继续实施下一个目标吗？如果你喜欢眼下这个目标，而且处于学习掌握动机的过程中，那么不要急，可以等一段时间再说。

有一点可以肯定：你已经有了对任何选定的目标都行之有效的计划。不再是从零开始，而是在刚刚建立起来的动机的基础上保持继续。

这就是掌控动机计划的魅力所在。你可以在下一个及以后的任何目标中重复学到的技巧，每个目标都能帮助你对自己的动机计划进行改善，让下一个目标更加容易实现。

这是一个虚拟的动机环。你马上就会发现，这本书关注的其实并不是动机，而是你的生活。

○ 最后的诀窍

什么才是你真正想要的？所有这些动机奋斗是为了什么？

流淌在目标和梦想之下的小溪流正是我们寻找幸福的愿望。而对幸福的孜孜不倦的追求驱使我们前进、探索生活的意义和目的。但是幸福和动机一样，也被严重误解了。

幸福不在名为"目标"的彩虹的末端，它不只是结果，还存在于奋斗的全过程。但是你可能没有意识到，幸福并不只是感觉良好和积极的情绪，幸福或健康的内涵要更加丰富一些。

请允许我做出解释。

20年前，一个叫马丁·塞利格曼的人正在为花园除草[54]，陷入沉思中的他被女儿的叫声打断："爸爸，E真的等于mc^2吗？"（这是一个笑话，并不是所有的聪明人都会生出小天才，她真正的意思是，"爸爸，快过来玩"。）

塞利格曼严厉地回答："不行，你没看到我正在忙吗？"她女儿边哭边说："你真是太凶了。"

"凶"是对塞利格曼的致命一击。他知道女儿说的没错，自己是太凶了。在那一刻，他发誓要用科学帮助自己克服暴脾气、过上幸福的生活。

事实上，塞利格曼并不是一个暴脾气的人，他刚刚被任命为美国心理学协会的负责人，是心理学界的权威人士，职业生涯中的一部分任务就是为心理学提供指导。顿悟之后，他决定对心理学进行追根溯源。

除了病理学和治疗疾病的功能外，心理学最初的使命还包括培养人才，寻找改善个人和社区健康状况的方法。

长期以来，心理学的积极作用被学界遗忘，直到塞利格曼在1998年发起领导了积极心理学运动。

积极心理学的核心在于健康或幸福的PERMA五要素：积极情绪（Positive emotion）、投入（Engagement）、人际关系（Relationship）、意义（Meaning）、成就（Accomplishment）。

塞利格曼和他的研究团队花了数年时间遍览科学典籍，从先圣哲人那里汲取智慧，为幸福做出定义。随后他们提出了非常重要的发现：幸福不只是积极情绪，而是PERMA五要素的集合体。

过去多年，塞利格曼与众多积极心理学家一直致力于应用科学研究，揭示PERMA五要素中任何一个都会对健康和幸福产生积极影响，甚至可以助人长寿。

我也一直在关注着PERMA的各个要素，但是直到掌控了动机，我才发现最终的真理。

幸福贯穿于你为实现目标而努力奋斗的全过程。你会发现积极情绪隐藏在健康棉花糖中，那些小小的成功时刻和成就感将随着你的血液流遍全身和你的思想，让你感觉良好。

当你全身心沉浸在任务中并向着目标奋进，你内心的投入或激情将被点燃。时间好像停止了，而你会像一个运动员一样，全力向着自己的终点奋进。

PERMA 五要素中我最喜欢的是人际关系。它会在你找到自己的能量、将联系作为优先事项并发现真我的过程中持续提升。

最后，当你把六股积极力量和动机计划相融合，就能实现所谓的意义和目的，并完成幸福和美好生活的闭环。

如果你最终想要的就是幸福，那就应该倾尽终生，掌控自己的动机。这就是本书真正的秘密。它并不真正关于动机，而是为你解锁最有活力和幸福的生活。即时满足！

参考文献

第一部分

第一章

（1）　"20世纪60年代，开创性心理学家沃尔特·米歇尔进行了一项研究……"出自 Mischel, Walter, The Marshmallow Test: Understanding self-control and how to master it. London: Transworld, 2015, p. 283.

（2）　"在米歇尔进行第一次棉花糖实验若干年后……"出自 Mischel, W., Shoda, Y., and P. K. Peake, "The Nature of Adolescent Competencies Predicted by Preschool Delay of Gratification", Journal of Personality and Social Psychology 54, no. 4, 1988: pp. 687–99. Mischel, W., Shoda, Y., and M. L. Rodriguez, "Delay of Gratification in Children", Science 244, no. 4907, 1989: pp. 933–8. Shoda, Y., Mischel, W., and P. K. Peake, "Predicting Adolescent Cognitive and Social Competence from Preschool Delay of Gratification: Identifying diagnostic conditions", Developmental Psychology 26, no. 6, 1990, pp. 978–86.

（3）　"另一位出色的科学家、社会心理学家罗伊·博米斯特继续这项意志力研究……"出自 Baumeister, Roy F., and John Tierney, Willpower: Why self-control is the secret to success. New York: Penguin Press, 2011, p.23.

第二章

（4）　"然而，科学不断证明，饮食可以治愈……"出自 Greger, Michael, and Gene Stone, How Not To Die: Discover the foods scientifically proven to prevent and reverse disease. London: MacMillan, 2015.

第三章

（5）　"62％的英国人都有超重或肥胖问题……"出自 Baker, Caril, Obesity Statistics. Briefing paper no. 3336, 6 August 2019. London: House of Commons Library.

（6）　"80％以上的人都达不到每月的科学运动量……"出自 https://www. bristol.ac.uk/policybristol/news/2013/37.html

（7）　"每两个人中就有一个因为在职场上不开心……"出自 https://www. lsbf.org.uk/media/2760986/final-lsbf-career-change- report.pdf.

（8）　"佛罗里达州州立大学的天才研究员罗伊·博米斯特推出了……"出自 Baumeister, Roy F., and John Tierney, Willpower: Why self-control is the secret to success. London: Penguin Press, 2011, p.23 Baumeister, R. F., Bratlavsky, E., Muraven, M., and D. M. Tice,"Ego Depletion: Is the active self a limited resource?"Journal of Personality and Social Psychology 74, 1998: pp.1252–65.

第四章

（9）　"第二个则是人类的、理性的大脑……"出自 Harari, Yuval Noah, Sapiens: A brief history of humankind. London: Harvill Secker, 2014, p. 95。

第二部分

第五章

（1）　"一年无啤酒……"出自 https://www.oneyearnobeer.com/

（2）　"它被 1981 年出现的管理学理论'SMART 原则'……出自 Doran, G.T., "There's a S.M.A.R.T. Way to Write Management's Goals and Objectives", Management Review, vol. 70, issue 11, 1981, pp. 35–6.

（3）　"明尼苏达大学的索菲·勒罗伊开展了一项原创性研究，并提出了'注意力残留理论'……"出自 Leroy, S., "Why is it so hard to do my work? The challenge of attention residue when switching between work tasks", Organizational Behavior and Human Decision Processes, vol. 109, issue 2, July 2009, pp. 168-81.

（4）　"美国计算机科学家卡尔·纽波特的的著作《深度工作：如何有效

使用每一点脑力》……"出自 Newport, Cal., Deep Work: Rules for focused success in a distracted world. London: Piatkus, 2016.

第六章

（5）　"新西兰一项针对司机开展的研究表明，睡眠时间少于 5 小时相当于……"出自 Williamson, A. M., and A. M. Feyer, "Moderate Sleep Deprivation Produces Impairments in Cognitive and Motor Performance Equivalent to Legally Prescribed Levels of Alcohol Intoxication", Journal of Occupational and Environmental Medicine, vol. 57, issue 10, October 2000, pp. 649–55.

（6）　"《睡眠革命》的作者为尼克·利特尔黑尔斯……"出自 Littlehales, Nick, Sleep: The myth of 8 hours, the power of naps…and the new plan to recharge your body and mind. London: Penguin, 2016, p. 180.

（7）　"哈佛大学医学院的研究表明……"出自 https://hms.harvard.edu/sites/default/files/assets/Sites/Longwood_Seminars/Sleep_3_19_13.pdf

（8）　"专家把隐形健身法称为……"出自 Levine, J., "Nonexercise Activity Thermogenesis (NEAT): environment and biology", American Journal of Physiology-Endocrinology and Metabolism, vol. 288(1), E285, January 2005.

（9）　"2014 年，北卡罗来纳杜克大学的米勒·麦克法森教授和他的团队调查发现……"出自 McPherson, M., et al., "Social Isolation in America: Changes in core discussion networks over two decades", American Sociological Review 71, 2006: pp. 353–75.

（10）　"澳大利亚作家宝妮·瓦尔在回忆录《人临死前的五大遗憾》中……"出自 Ware, Bronnie, The Top Five Regrets of the Dying: A life transformed by the dearly departing. London: Hay House, 2012.

（11）　"几年前，我邀请了积极心理学家、《意识是自由》的作者伊塔依·易福赞博士……"出自 Ivtzan, Itai, Awareness Is Freedom: The adventure of psychology and spirituality. Alresford, Hants: Changemakers Books, 2015.

（12）　"研究表明，酒精会摧毁深度的恢复性睡眠……"出自 Ebrahim, I., Shapiro, C., Williams, A., and P. Fenwick, "Alcohol and Sleep I: Effects on normal sleep", Alcohol. Clin. Exp. Res. vol. 37, issue 4, April 2013, pp. 539–49.

第七章

（13）　"先来学习如何养成一个习惯……"出自 Duhigg, Charles, The Power of Habit: Why we do what we do and how to change. London: Random House, 2013.

（14）　"运动和动机有何关系呢"……出自 https://www.telegraph.co.uk/world-cup/2018/07/04/england- conquered-penalty-shootout-hoodo-review-past-failures/

（15）　"在此，我想为大家介绍一位先锋科学家哈利·哈洛……"出自 Harlow, Harry F., Harlow, Margaret Kuenne, and Donald R. Meyer, "Learning Motivated by a Manipulation Drive", Journal of Experimental Psychology 40, 1950, p. 231.

（16）　"这个发现足以反转现实中……"出自 Pink, Daniel H., Drive: The surprising truth about what motivates us.Edinburgh: Canongate, 2018.

（17）　"纽约罗切斯特大学的 2 名研究人员理查德·莱恩和爱德华·德其在哈洛 1950 年发现的基础上……"出自 Ryan, Richard M., and Edward L. Deci, Self-Determination Theory: Basic psychological needs in motivation, development, and wellness. New York: Guilford Press, 2017.Ryan, R. M., and E. L. Deci, "Self-Determination Theory and the Facilitation of Intrinsic Motivation, Social Development, and Well-Being", American Psychologist 55, 2000, pp. 68–78.

第八章

（18）　"心理学家道格拉斯·李乐在著作《快乐陷阱》……"出自 Lisle, Douglas J., and Alan Goldhamer, The Pleasure Trap: Mastering the hidden force that undermines health and happiness. Summertown, TN: Book Publishing Company, 2003, p. 8.

（19）　"当人类停止狩猎和采摘……"出自 Harari, Yuval Noah, Sapiens: A brief history of humankind. London: Harvill Secker, 2014, p. 46.

第三部分
第 1 天

（1）　"其实宋飞很早就已经意识到……"出自 https://lifehacker.com/jerry-seinfelds-productivity-secret-281626

（2）　"谢菲尔德大学、利兹大学和北卡罗来纳大学的研究人员对 138 项研究进行横向比较……"出自 Harkin, B., Webb, T. L., Chang, B. P. I. et al.,
"Does Monitoring Goal Progress Promote Goal Attainment? A meta-analysis of the
experimental evidence", Psychological Bulletin, 142 (2), 2016, pp.198–229.

第 2 天

（3） "也介绍了查尔斯·杜希格……"出自 Duhigg, Charles, The Power of Habit:
Why we do what we do and how to change. London: Random House, 2013.

（4） "福格是斯坦福大学行为设计实验室的主任……"出自 https://www.
tinyhabits.com/

第 3 天

（5） "我和《正念饮酒》一书的作者罗莎蒙德·迪恩做了一期'一年无
啤酒'的……"出自 https://www.oneyearnobeer.com/finding-clarity-oynb-
podcast-030/

（6） "佛罗里达州立大学心理学教授安德斯·爱立信的研究表明……"出
自 Ericsson, Anders, and Robert Pool, Peak: How all of us can achieve extraordinary
things. London: Vintage, 2017.

（7） "比尔·盖茨也提供了恰到好处的见解……"出自 https://www.
brainyquote.com/quotes/bill_gates_404193.

第 4 天

（8） "我放弃了。直到两年后读到哈尔·埃尔罗德的畅销书《早起的奇迹》，
我才发现一个问题……"出自 Elrod, Hal, The Miracle Morning: The 6 Habits
That Will Transform Your Life Before 8am (p. 103), John Murray Press: Kindle
Edition.

（9） "记住古罗马哲学家塞涅卡的箴言……"出自 Seneca, On the Shortness of
Life. London: Penguin Great Ideas, 2004.

第 6 天

（10） "动机大师吉姆·荣恩有一句名言……"出自 https://www.goodreads.

即时满足

com/quotes/1798-you-are-the-average-of- the-five-people-you-spend

（11） "网络研究员尼古拉斯·克里斯塔奇斯揭示了社交网络……" 出自 Christakis, Nicholas, and James Fowler, Connected: The amazing power of social networks and how they shape our lives. London: Harper Press, 2011.

（12） "当我们还在大草原漫游时，团队生活……" 出自 Wright, Robert, The Moral Animal: Evolutionary psychology and everyday life. London: Abacus, 1996.

（13） "我为了写这本书而组建的梦想船队……" 出自 Newport, Cal, Deep Work: Rules for focused success in a distracted world. London: Piatkus, 2016.

Holiday, Ryan, Perennial Seller: The art of making and marketing work that lasts. London: Profile, 2017.

Goggins, David, Can't Hurt Me: Master your mind and defy the odds. Austin, TX: Lioncrest Publishing, 2018.

第8天

（14） "《善待自己》一书的作者沙鲁·伊萨迪在与自己的身体进行了长达 10 年的斗争后……" 出自 Izadi, Shahroo, The Kindness Method: Changing habits for good. London:Bluebird, 2018.

（15） "加拿大渥太华卡尔顿大学有一项杰出的研究，记录了学生每个学期的拖延频率……" 出自 Wohl, M. J. A., Pychyl, T. A., and S. H. Bennett, "I Forgive Myself, Now I Can Study: How self-forgiveness for procrastinating can reduce future procrastination", Personality and Individual Differences 48, 2010, pp. 803–8.

第10天

（16） "2000 多年前的罗马贵族凯尔苏斯编纂了一部百科全书……" 出自 CelsusC.A.DeMedicina(OnMedicine),BookVII.(c.ad30)Loeb Classical Library Edition,1935.

（17） "这些基于自然的科学研究发现，'森林浴'可以缓解心理压力……" 出自 Selhub, E., and Logan, A.,YourBrain On Nature.Toronto: Collins, 2014

（18）   "伦敦市区竟然有47%的绿地覆盖率……" 出自 https://www.
        independent.co.uk/environment/47-per-cent-of-london-is-green-space-is-it-time-
        for-our-capital-to-become-a-national- park-9756470.html

（19）   "脑成像技术表明，即使只是翻看大自然的图片……" 出自 Kim, H.,
        et al., "Human brain activation in response to visual stimulation and rural urban
        scenery pictures: A functional magnetic resonance imaging study", Sci Total Environ
        2010: 48:2600−7.

（20）   "研究表明，同样是走1小时路，相比城市里……" 出自 Roe, J., and
        Aspinall, P., "The restorative benefits of walking in urban and rural settings in adults
        with good and poor menta lhealth",Health Place 2011;17:103−13.

（21）   " 家居绿植也是微动力源 ......" 出自 Yamane, K., et al, "Effects of interior
        horticultural activities with potted plants on human physiological and emotional
        status",Acta Hortic 2004;639:37−43.

                                    第11天

（22）   "天才精神病学家史蒂夫·彼得斯博士……" 出自 Peters, Steve, The
        Chimp Paradox: The mind management programme to help you achieve success,
        confidence and happiness. London: Vermilion,2012.

                                    第12天

（23）   "他在其著作《永远的改变》中说自己开始这项任务……" 出自
        Prochaska, James O., et al., Changing for Good: A revolutionary six-stage program
        for overcoming bad habits and moving your life positively forward. New York:
        HarperCollins, 2006, p. 22.

（24）   "他建立了一个被称为'分阶段行为转变理论模型'的科学模型，
        揭示了人在……" 出自 Diclemente, C. C., and J. O. Prochaska, "Toward a
        Comprehensive, Transtheoretical Model of Change: Stages of change and addictive
        behaviours", in Miller, W. R., and N. Heather, ed., Treating Addictive Behaviors,
        second edition, New York: Plenum Press, 1998, pp. 3−24.

（25）   "普罗查斯卡的模型还暴露了另一个大秘密，这个环其实并不完美……"出自 DiClemente, C. C., Prochaska, J. O., Fairhurst, S. K., Velicer, W. F., Velasquez, M. M., and J. S. Rossi. "The Process of Smoking Cessation: An analysis of pre-contemplation, contemplation, and preparation stages of change", Journal of Consulting and Clinical Psychology, 59(2), 1991, pp. 295–304.

（26） "汇聚了运动达人的社交网络 Strava 研究人员……"出自 https:// www.independent.co.uk/life-style/quitters-day-new-years- resolutions-give-up- fail-today-a8155386.html

第13天

（27） "比赛在加拿大隆冬时节举办，需要以徒步、攀爬、骑自行车和跑步等方式……"出自 De Sena, Joe, Spartan Up! A take-no-prisoners guide to overcoming obstacles and peak performance in life. London: Simon & Schuster, 2014.

（28） "部落对动机意味着什么呢……"出自 Griskevicius, V., J. M. Tybur, and B. Van den Bergh, "Going Green to Be Seen: Status, reputation, and conspicuous conservation", Journal of Personality and Social Psychology 98, 2010, pp. 392–404.

（29） "阿肯色大学的杰西卡·诺兰及其团队……"出自 Nolan, J. M., P. W. Schultz, R. B. Cialdini, N. J. Goldstein, and V. Griskevicius. "Normative Social Influence Is Under-detected."Personality and Social Psychology Bulletin 34 (2008): 913–23.

第14天

（30） "斯坦顿·皮尔是一名出色的成瘾问题研究员，也是我的英雄……"出自 Peele, Stanton, Recover!: Stop thinking like an addict and reclaim your life with the PERFECT program. Boston, MA: Da Capo Lifelong Books, 2014, p. 15.

（31） "尼古拉斯·克里斯塔奇斯的研究结果……"出自 Rosenquist, J. N., Murabito, J., Fowler, H. J., and N. A. Christakis, "The Spread of Alcohol Consumption Behavior in a Large Social Network", Annals of Internal Medicine 152, 2010, pp. 426–33.

第15天

（32） "某年 11 月的一个周日早晨……"出自 https://www.redbull.com/gb-en/projects/great-british-swim

第17天

（33） "我们在 10 天之前介绍过状态调整大师托尼·罗宾斯……"出自 Robbins, Tony, Awaken the Giant Within: How to take immediate control of your mental, emotional, physical and financial life. London: Simon & Schuster, 1992, revised edition 2001, p. 184.

（34） "凯丽·麦格尼格尔在著作《自控力》中……"出自 McGonigal, Kelly, Maximum Willpower: How to master the new science of self-control. London: Pan Macmillan, 2012.

第18天

（35） "大卫的著作《我，刀枪不入》是你能读到的最激励人心的书籍之一……"出自 Goggins, David, Can't Hurt Me: Master your mind and defy the odds. Austin, TX: Lioncrest Publishing, 2018.

第19天

（36） "第一次见到《清醒的快乐》作者凯瑟琳·格雷……"出自 Gray, Catherine, The Unexpected Joy of Being Sober: Discovering a happy, healthy, wealthy alcohol-free life. London: Aster, 2017.

（37） "北卡罗来纳大学的芭芭拉·弗雷德里克森教授专注于积极能量研究……"出自 Fredrickson, Barbara, Positivity: Groundbreaking research to release your inner optimist and thrive. New York: Crown Publishers, 2009.

（38） "弗雷德里克森创立了积极情绪的……"出自 Fredrickson, Barbara L., "The Role of Positive Emotions in Positive Psychology: The broaden-and-build theory of positive emotions", American Psychologist, vol. 56(3), March 2001, pp. 218–226.

（39） "保持积极情绪的好处还不止这些……"出自 Danner, Deborah D. et al.

"Positive emotions in early life and longevity: findings from the nun study." Journal of personality and social psychology 80 5 (2001): 804-13.

第20天

（40） "发现自控力理论的莱恩和德其认为，想要过上全身心……"出自 Ryan, Richard M., and Edward L. Deci, Self-Determination Theory: Basic psychological needs in motivation, development, and wellness. New York:Guilford Press, 2017.

（41） "著名的思维理论学家、斯坦福大学心理学教授卡罗尔·德伟克的研究表明……"出自 Dweck, Carol S., Mindset: Changing the way you think to fulfil your potential.New York: Random House, 2006; updated edition London:Robinson, 2017.

（42） "《专精力》的作者罗伯特·格林曾说："一切皆是关键所在'……"出自 Greene, Robert, Mastery. New York: Viking, 2012.

第21天

（43） "古罗马哲学家爱比克泰德……"出自 Epictetus,Enchiridion.Mineola,NY: DoverThriftEditions,2004.

（44） "艾伯特·爱因斯坦说……"出自 Evans, Jules, Philosophy for Life and Other Dangerous Situations. London: Rider, 2012.

第23天

（45） "那是因为我们的肠道里有数十亿微生物直接与大脑的神经元网络相连……"出自 Gershon, Michael D., The Second Brain: A groundbreaking new understanding of nervous disorders of the stomach and intestine. New York:HarperColllins, 1998.

（46） "科学家斯科特·安德斯在与克莱恩博士合著的《情绪益生菌的革命》中……"出自 Anderson, Scott C., et al., The Psychobiotic Revolution. Washington, DC:National Geographic, 2017, p. 15.

（47）　"我的好朋友艾伦·戴斯蒙德博士……"出自 @devongutdoctor on Instagram

第24天
（48）　"《每日斯多葛日报》中的一个故事给了我启发……"出自 Holiday, Ryan, and Stephen Hanselman, The Daily Stoic: 366 meditations on wisdom, perseverance, and the art of living. London: Profile Books, 2016.

第25天
（49）　"你寻找的宝藏就在自己最害怕进入的山洞里……"出自 Campbell, Joseph, The Hero with a Thousand Faces. Novato, CA: New World Library, 2012.

（50）　"苏珊·杰夫斯在《《如何战胜内心恐惧》》中......"出自 Jeffers, Susan, Feel the Fear and Do It Anyway: How to turn your fear and indecision into confidence and action. London: Vermilion, 2017.

第26天
（51）　"里奇·罗尔一生都在兢兢业业地当律师，他的目标是供养一个快乐而充满活力的家庭……"出自 Roll, Rich, Finding Ultra: Rejecting middle age, becoming one of the world's fittest men, and discovering myself. New York: Three Rivers Press, 2012, pp. 2–3.

第27天
（52）　"耶鲁大学管理学教授拉维·德哈尔……"出自 Fishbach, A., and R. Dhar, "Goals as Excuses or Guides: The liberating effect of perceived goal progress on choice", Journal of Consumer Research 32, 2005: pp. 370–7.

（53）　"芝加哥大学和香港理工大学研究人员的联合研究发现了一种阻止原始大脑保持得分的神奇方法……"出自 Mukhopadhyay, A., Sengupta, J., and S. Ramanathan, "Recalling Past Temptations: An information-processing perspective on the dynamics of self-control", Journal of Consumer Research 35, 2008: pp. 586–99.

接下来干什么？让我们完成动机闭环

（54）　　"20年前，一个叫马丁·塞利格曼的人正在为花园除草……"出自

Seligman, Martin, Flourish: A new understanding of happiness and well-being—and how to achieve them. London: Nicholas Brealey Publishing, 2011, pp. 163–4.

致谢

这本关于动机的书汇集了我的梦想船队和每位船员的智慧。大家众志成城，始得此书。

首先，要向我的动力源泉，我杰出的夫人塔拉、漂亮的女儿茉莉和露比，以及我的父母凯思和吉姆致谢。感谢他们始终伴我左右。

其次，我要感谢"一年无啤酒"团队，特别是鲁阿里·费尔拜恩斯给我提供写作的时间和场地。

我还要向所有为本书的概念框架和内容提供了帮助的朋友和他们的家人致谢，包括莱尼·麦考利夫、科姆·卡罗尔、马可·利芙、罗塞尔·奎克、布莱德利·蒂尔森、马克·凯利、杰米·斯派西、布兰顿·埃斯皮纳尔、安德鲁·斯蒂芬森、菲尔·拉梅奇、雷伊·吉尔达·库克、罗伯特·拉梅奇、理查德·塔格特和传奇人物凯特·菲斯福尔－威廉姆斯。

正是站在沃尔特·米歇尔、理查德·莱恩、爱德华·德其、罗伊·博米斯特、哈利·哈洛和詹姆斯·普罗查斯卡等伟大科学家的肩膀上，才让我看到了更为广阔的世界。

当然，也不能忘记书中分享的故事的主人公们，乔·德·塞纳、里奇·罗尔、大卫·高勤思、盖里·艾伦、菲奥娜·洛奇、杰利·莱昂斯、特洛伊·道伊尔、沙鲁·伊萨迪、凯瑟琳·格雷、伊塔依·易福赞和罗斯·艾德利。

　　出色的图书代理商简·格雷厄姆-毛居功至伟，正是在她的支持和运作下，这本书才得以面世。最后，章鱼出版集团的凯特·亚当斯为本书出谋划策，波利·普尔特为本书做出了出色的设计。

　　诚挚地向大家表示最衷心的感谢！